BIM 技术应用 Revit 实操

主　编　韩　彰　葛　松　董　庆

副主编　方　娇　张雅芬　杨　沛

　　　　陈　墨　杨　波

U0246878

合肥工业大学出版社

图书在版编目(CIP)数据

BIM 技术应用 Revit 实操/韩彰,葛松,董庆主编. --合肥:合肥工业大学出版社,2025.1. -- ISBN 978 - 7 - 5650 - 7140 - 9

Ⅰ. TU201.4

中国国家版本馆 CIP 数据核字第 2025AT8276 号

BIM 技术应用 Revit 实操
BIM JISHU YINGYONG Revit SHICAO

主编 韩 彰 葛 松 董 庆

责任编辑	张择瑞	
出版发行	合肥工业大学出版社	
地　　址	(230009)合肥市屯溪路 193 号	
网　　址	press. hfut. edu. cn	
电　　话	理工图书出版中心:0551 - 62903204	
	营销与储运管理中心:0551 - 62903198	
开　　本	787 毫米×1092 毫米　1/16	
印　　张	9	
字　　数	186 千字	
版　　次	2025 年 1 月第 1 版	
印　　次	2025 年 1 月第 1 次印刷	
印　　刷	安徽联众印刷有限公司	
书　　号	ISBN 978 - 7 - 5650 - 7140 - 9	
定　　价	48.00 元	

如果有影响阅读的印装质量问题,请与出版社营销与储运管理中心联系调换。

前　言

党的二十大报告对高等职业教育提出了"实施科教兴国战略，强化现代化建设人才支撑"的要求，随着建筑信息模型（BIM）技术的快速发展，Revit 作为一款由 Autodesk 公司开发的 BIM 软件，已经在建筑、结构和机电工程的设计、建造和维护领域得到了广泛应用。本书旨在通过系统介绍 Revit 软件的应用，帮助读者掌握这一强大工具，提升其在建筑设计、施工管理等方面的专业能力。

Revit 以三维建模为基础，能够创建精确的建筑模型，包括建筑结构、墙体、门窗、楼梯和屋顶等元素。其参数化设计的方法，使得用户可以通过设定参数来控制建筑模型的尺寸和属性，快速生成各种设计方案，并实时获得对比和分析结果。此外，Revit 还支持多人同时在一个项目上工作，实现实时协同编辑和查看模型，大大提高了团队之间的沟通效率。

本书内容涵盖了 Revit 软件的基础操作、项目创建、结构专业建模、建筑专业建模以及工程应用等多个方面。通过实际工程项目案例，我们将详细介绍如何使用 Revit 软件进行项目创建，以及结构、建筑专业的建模方法。本书通过直观的连环画模式展现模型建立，帮助读者全面理解 Revit 在 BIM 应用中的重要作用。

无论是对于初学者还是有一定经验的 Revit 用户，本书都将是一本不可或缺的参考指南。我们希望通过本书的学习，读者能够熟练掌握 Revit 软件的应用技巧，提升其在建筑设计领域的竞争力，为推动建筑行业的数字化转型贡献自己的力量。

本书在编写过程中得到安徽交通职业技术学院院长孙晓雷教授、土木工程系主任王东副教授的大力支持，还得到了 2022 建筑班刘玉杰、徐国民同学；2023 造价 2 班王静怡、柯凡同学的协助，编写过程得到安徽金鹏控股集团 BIM 总监辛倩倩的技术指导。在此表示感谢！

　　本书由安徽交通职业技术学院韩彰、葛松、董庆主编，安徽交通职业技术学院方娇、张雅芬，安徽工业经济职业技术学院杨沛、陈墨，安徽职业技术学院杨波为副主编。具体编写分工如下：项目 2、3、4、8 的编写由韩彰完成，项目 11、12 的编写由葛松完成，项目 1、9 的编写由董庆、杨沛完成，项目 5、6、7 的编写由方娇完成，绪论、项目 10 的编写由陈墨、杨波、张雅芬完成。

　　由于作者水平有限，在编写过程中难免有疏漏之处，欢迎读者通过邮箱（327684698@qq.com）与我们联系，帮助我们提高改进。

编　者
2025 年 1 月

目　　录

BIM 概述

一、BIM 的定义

建筑信息模型（Building Information Modeling）是以建筑工程项目的各项相关信息数据作为模型的基础，进行建筑模型的建立。建筑信息模型是利用软硬件技术，通过建筑信息模型的创建和使用，实现建筑信息有效传递和共享的技术，它同时也是建筑开发、建筑设计、建筑施工及建筑运维基于建筑信息模型技术的过程和方法，并且贯穿于建筑的全生命周期。

二、BIM 的特点

（1）可视化：BIM 比 CAD 图纸更形象、直观，模型三维的立体实物图形可视，项目设计、建造、运营等整个建设过程可视，方便进行更好的沟通、讨论与决策。

（2）协调性：建筑物建造前期对各专业的碰撞问题进行协调，生成协调数据。

（3）模拟性：在设计阶段，BIM 可以进行一些模拟实验，如节能模拟、紧急疏散模拟、日照模拟和热能传导模拟等。在招投标和施工阶段，可以进行 4D 模拟（3D 模型加上项目的发展时间），即根据施工组织设计模拟施工，从而确定合理的施工方案。可以进行 5D 模拟（基于 3D 模型的造价控制），从而实现成本控制。

（4）优化性：通过对比不同的设计方案，选择最优方案。利用模型提供的各种信息来优化，如几何、物理、规则、建筑物变化以后的各种情况信息。第 1 种是对项目方案的优化，第 2 种是对特殊项目的设计优化。异形设计，如裙楼、幕墙和屋顶等，占投资和工作量的比例很大，而且是施工难度较大和施工问题较多的地方。对这些内容的设计施工方案进行优化，可以显著地改善工期和造价。

（5）可出图性：出具各专业图纸及深化图纸，使工程表达更加详细。建筑设计图＋经过碰撞检查和设计修改＝综合设计施工图。如综合管线图、综合结构留洞图、碰撞检查侦错报告和建议改进方案等实用的施工图纸。

三、BIM 的应用点

1. 碰撞检查

BIM 最直观的特点在于三维可视化，降低识图误差。利用 BIM 的三维技术在前期进行碰撞检查，直观解决空间关系冲突，优化工程设计，减少在建筑施工阶段可能存在的错误和返工，而且优化净空，优化管线排布方案。最后施工人员可以利用碰撞优化后的方案，进行施工交底、施工模拟，提高施工质量，同时也提高了与业主沟通的能力。

2. 模拟施工

有效协同三维可视化功能再加上时间维度，可以进行进度模拟施工。随时随地直观快速地将施工计划与实际进展进行对比，同时进行有效协同。施工方、监理方甚至非工程行业出身的业主、领导都能对工程项目的各种问题和情况了如指掌。这样通过 BIM 技术结合施工方案、施工模拟和现场视频监测，减少建筑质量问题、安全问题，减少返工和整改。

3. 三维渲染

宣传展示三维渲染动画，可通过虚拟现实让客户有代入感，给人以真实感和直接的视觉冲击，配合投标演示及施工阶段调整实施方案。建好的 BIM 模型可以作为二次渲染开发的模型基础，大大提高了三维渲染效果的精度与效率，给业主更为直观的宣传介绍，提升中标概率。

4. 数据共享

因为建筑过程的数据对后面几十年的运营管理都是最有价值的数据，可以把模拟的模型及数据共享给运营、维护方。有了 BIM 这样一个信息交流平台，可以使业主、管理公司、施工单位、施工班组等众多单位在同一个平台上实现数据共享，使沟通更为便捷、协作更为紧密、管理更为有效。

5. 积累经验

保存信息模拟过程可以获取施工中不易被积累的知识和技能。

四、认识 Revit 2020 软件

Revit 软件是 Autodesk 公司专为建筑信息模型构建的，可帮助建筑设计师设计、建造和维护质量更好、能效更高的建筑。软件提供了丰富实用的功能模块，涵盖了建筑建模、结构建模、MEP 建模、高级建模、分析、文档编制等。

双击桌面上的 Revit 2020 快捷图标或选择 Windows 界面左下角的"开始"菜单→所有程序→Autodesk→Revit 2020 命令，启动 Autodesk Revit 2020。启动软件后，会显示如图 1 所示的"最近使用的文件"界面。在该界面中，有 3 个区域，分别为"模

型""族"和"最近使用的文件"。

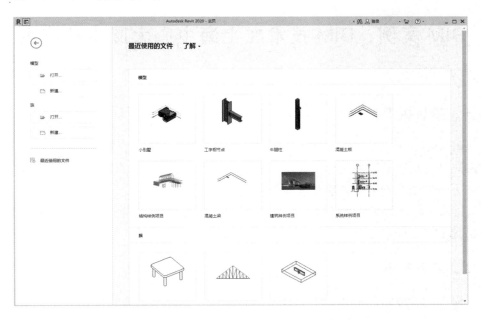

图 1　Autodesk Revit 2020 的启动界面

Autodesk Revit 2020 的工作界面如图 2 所示，包括"快速访问工具栏""选项卡""上下文选项卡""选项栏""面板""工具""属性面板""项目浏览器""状态栏""视图控制栏""View Cube"和"导航栏"等。

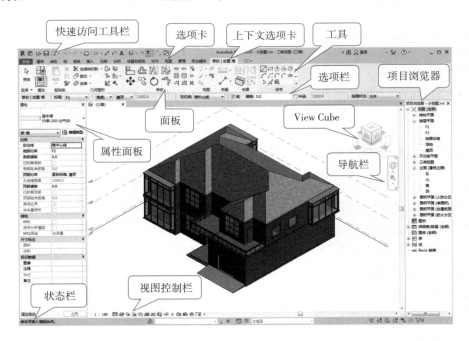

图 2　Autodesk Revit 2020 的工作界面

BIM 案例：BIM 技术在上海中心大厦中的应用

一、项目概况

上海中心大厦位于上海市浦东新区陆家嘴金融中心 Z3－1，Z3－2 地块，紧邻金茂大厦和环球金融中心。项目包括：一个地下 5 层的地库、1 幢 121 层高的综合楼（其中包括办公及酒店）和 1 幢 5 层高的商业裙楼。总建筑面积约 574058m²，其中地上建筑面积约 410139m²，地下建筑面积约 163919m²。裙楼高度 32m，塔楼结构高度 580m，塔冠最高点为 632m。

二、项目难点

上海中心大厦建筑面积超大、建筑结构超高，是目前上海在建中的第一高楼。其设备机房分布点多面广，除地下 1－5 层有大量设备机房外，地上设备层有 9 处（6－7、20－21、35－36、50－51、66－67、82－83、99－100、116－117、121F），总计 20 层之多；采用多项绿色环保节能技术：采用了冰蓄冷、三联供、地源热泵、风力发电、中水、智能控制等多项绿色环保节能技术，给工程管理与系统调试等方面带来一定难度；系统齐全、垂直分区多，空调系统：设置低区和高区 2 个能源中心，分为 10 个空调分区。有中央制冷、冰蓄冷、三联供、地源热泵、VAV 空调、风机盘管、带热回收装置的新风等系统，系统复杂。风、水系统平衡及自控调试要求高。幕墙还专设散热器，支架设置复杂；采用 BIM 建模技术，图纸深化采用 BIM 技术手段，建立三维立体模型，进行管线碰撞检测和综合布置，与工厂化预制相配套，形成预制加工图。利用BIM 模型进行劳动力策划和进度控制。

三、BIM 对于上海中心的意义

在上海中心的建设过程中，BIM 技术的运用覆盖施工组织管理的各个环节，包括深化设计、施工组织、进度管理、成本控制、质量监控等。从建筑的全生命周期管理角度出发，施工阶段 BIM 运用的信息创建、管理和共享技术，可以更好地控制工程质量、进度和资金运用，保证项目的成功实施，为业主和运营方提供更好的售后服务，实现项目全生命周期内的技术和经济指标最优化。BIM 在项目的策划、设计、施工及运营管理等各阶段的深入化应用，为项目团队提供了一个信息、数据平台，有效地改善了业主、设计、施工等各方的协调沟通。同时帮助施工单位进行施工决策，以三维模拟的方式减少施工过程的错、漏、碰、撞，提高一次安装成功率，减少施工过程中的时间、人力、物力浪费，为方案优化、施工组织提供科学依据，从而为这座被誉为上海新地标的超高层建筑，成为绿色施工、低碳建造典范，提供有力保障。

四、BIM 在上海中心的应用

1. 更为直观的图纸会审与设计交底

项目施工前，对施工图进行初步熟悉与复核，该项目工作的意义在于，通过深入了解设计意图与系统情况，为施工进度与施工方案的编制提供支持。同时，通过对施工设计的了解，查找项目重点、难点部位，制订合理的专项施工方案。此外，就一些施工设计中不明确、不全面的问题与设计院、业主进行沟通与讨论。例如：系统优化、机电完成标高以及施工关键方案的确定等问题。

在本工程中，利用 BIM 模型的设计能力与可视性，为本工程的图纸会审与设计交底工作，提供最为便利与直观的沟通方式。首先，BIM 团队采用 Autodesk Revit 系列软件，根据本工程的建筑、结构以及机电系统等施工设计图纸进行三维建模。通过建模工作可以查核各专业原设计中不完整、不明确的部分，经整理后提供给设计单位。其次，利用模型进一步确定施工重点、难点部位的设备布局、管线排列以及机电完成标高等。此外，结合 BIM 技术的设计能力，对各主要系统进行详细的复核计算，提出优化方案供业主参考。

2. 三维环境下的管线综合设计

传统的综合平衡设计都是以二维图纸为基础，在 CAD 软件下进行各系统叠加。设计人员凭借自己的设计与施工经验在平面图中对管线进行排布与调整，并以传统平、立、剖面形式加以表达，最终形成管线综合设计。这种以二维为基础的图纸表达方式，不能全面解决设计过程中不可见的错漏碰撞问题，影响到一次安装的成功率。

在本工程中，变传统的深化设计方式，利用 BIM 的三维可视化设计手段，在三维环境下将建筑、结构以及机电等专业的模型进行叠加，并将其导入 Autodesk Navisworks 软件中做碰撞检测，并根据检测结果加以调整。这样，不仅可以快速解决碰撞问题，而且还能够创建更加合理美观的管线排列。此外，通过高效的现场资料管理工作，即时修改快速反映到模型中，可以获得一个与现场情况高度一致的最佳管线布局方案，有效提高一次安装的成功率，减少返工。

3. 利用 BIM 的多维化功能进行施工进度编排

本工程机电安装工程将被分为地下室、裙楼、低区、高区四个区段分别施工，安装总工期在 1279 天左右。

对于以往的一些体量大、工期长的项目，进度计划编制主要采用传统的粗略估计的办法。本工程中，采用模型统计与模拟的方法进行施工进度编排。在工程总量与施工总工期没有重大变化的前提下，首先，在深化设计阶段模型的基础上将工程量统计的相关参数（例如：各类设备、管材、配件、附件的外形参数、性能参数等数据）添加到 BIM 模型中。其次，将模型内包涵的各区段、各系统工程量进行分类统计，从而获得分区段、分系统工程量分析，并从中分别提取出设备、材料、劳动力需求等数据。最后，借用上述数据，综合考虑工作面的交付、设备材料供应、劳动力资源、垂直运输能力、临时设施使用等各类因素的平衡点，对施工进度进行统筹安排。借用 BIM 模型 4D、5D 功能的统计与模拟能力改变以往粗放的、经验估算的管理模式，转而用更加科学、更加精细、更加均衡的进度编排方法，以解决施工高峰所产生的施工管理混乱、临时设施匮乏、垂直运输不力、劳动力资源紧缺的矛盾，同时也避免了施工低谷期而造成的劳动力及设备设施闲置等资源浪费现象。

4. BIM 化的预制加工方案

历来，超高层工程的垂直运输矛盾就是制约项目顺利推进的最大困扰。工厂化预制是减轻垂直运输压力的一个重要途径。在上海中心大厦项目中，预制加工设计是通过 BIM 实现的。在深化设计阶段，项目部可以制作一个较为合理、完整、又与现场高度一致的 BIM 模型，把它导入 Autodesk Inventor 软件中，通过必要的数据转换、机械设计以及归类标注等工作，可以把 BIM 模型转换为预制加工设计图纸，指导工厂生产加工。通过模型实现加工设计，不仅保证了加工设计的精确度，也减少了现场测绘的成本。同时，在保证高品质管道制作的前提下，减轻垂直运输的压力、提高现场作业的安全性。

5. 利用 BIM 进行施工进度管理

对于施工管理团队而言，施工进度的把握能力是一项关于施工技术、方案策划、物资供应、劳动力配置等各方面的综合能力。本工程施工体量大、建设时间长，在建造过程中各种变化因素都会对施工进度造成影响。因此，利用 BIM 的 4D、5D 功能，对施工方案、物资供应、劳动力调配等工作的决策提供帮助。

6. 利用模型对施工质量进行管控

由于在模型的管线综合阶段，已经把所有碰撞点一一查找并解决，且模型是根据现场的修改信息即时调整的。因此，把 BIM 模型作为衡量按图施工的检验标准标尺是最为合适的。

7. 系统调试工作

上海中心是一座系统庞大且功能复杂的超高层建筑，系统调试的好坏将直接影响本工程的顺利竣工与日后的运营管理。因此，利用 BIM 模型把各专业系统逐一分离出来，结合系统特点与运营要求在模型中预演并最终形成调试方案。在调试过程中，项目部把各系统调试结果在模型进行标记，并将调试数据录入模型数据库中。在帮助完善系统调试的同时，进一步提高了 BIM 模型信息的完整性，为上海中心竣工后日常运营管理提供必要的资料储备。

BIM 案例：BIM 技术在港珠澳大桥中的应用

一、项目简介

港珠澳大桥是"一国两制"框架下、粤港澳三地首次合作共建的超大型跨海通道，全长 55 公里，设计使用寿命 120 年，总投资约 1200 亿元人民币。大桥于 2003 年 8 月启动前期工作，2009 年 12 月开工建设，筹备和建设前后历时达十五年，于 2018 年 10 月开通营运。

大桥主体工程由粤、港、澳三方政府共同组建的港珠澳大桥管理局负责建设、运营、管理和维护，三地口岸及连接线由各自政府分别建设和运营。主体工程实行桥、岛、隧组合，总长约 29.6 公里，穿越伶仃航道和铜鼓西航道段约 6.7 公里为隧道，东、西两端各设置一个海中人工岛（蓝海豚岛和白海豚岛），犹如"伶仃双贝"熠熠生辉；其余路段约 22.9 公里为桥梁，分别设有寓意三地同心的"中国结"青州桥、人与自然和谐相处的"海豚塔"江海桥，以及扬帆起航的"风帆塔"九洲桥三座通航斜拉桥。

珠澳口岸人工岛总面积 208.87 公顷，分为三个区域，分别为珠海公路口岸管理区 107.33 公顷、澳门口岸管理区 71.61 公顷、大桥管理区 29.93 公顷，口岸由各自独立管辖。13.4 公里的珠海连接线衔接珠海公路口岸与西部沿海高速公路月环至南屏支线延长线，将大桥纳入国家高速公路网络；澳门连接线从澳门口岸以桥梁方式接入澳门填海新区。

二、BIM 技术在港珠澳大桥的应用与管理

BIM 技术在设计阶段主要有路线设计、BIM 多专业协同设计、BIM 模型出图、设计方案论证等多个方向的应用。

1. 路线线形设计

项目组将 Autodesk Revit 软件与中交二公院自主研发的路线专家系统结合，利用路线专家系统的平面坐标、纵断面高程以及坡度计算等功能，生成用于 Autodesk Revit 建模的路线数据，采取二次开发的手段，实现隧道路线三维实体的自动创建。

2. BIM 多专业协同设计

拱北隧道 BIM 建模项目由结构专业、交通工程专业、防排水工程专业及路基路面专业等四大专业协同设计完成。由于组成全专业拱北隧道 BIM 模型的构件较多，项目组建立企业级 BIM 构件管理系统，并将全部构件导入管理系统，形成中交二公院自主

知识产权，为项目组协同管理、快速建立 BIM 模型起到积极作用。

3．BIM 隧道设计流程

拱北隧道设计可以分为两类：工作井和特殊段建模，其 BIM 建模的主要流程有项目模板、标准构件、路线线形、横断面、管幕及附属构造，最后形成 BIM 设计成果。

4．BIM 模型与出图

基于以上步骤，项目组完成了冻结曲线管幕、暗挖开挖断面 345 平方米拱北隧道 BIM 模型，以及东、西两侧工作井和周边主要建筑物拱北口岸 BIM 模型。通过 BIM 三维可视化直观的展示方式，有效解决项目挑战多部门协调难度大的问题。根据拱北隧道 BIM 模型出图，有工作井施工图、衬砌施工图、管幕施工布置图等。

5．工作井选址方案

采用三维 BIM 模型与实景照片相结合的方法，对避免口岸建筑拆迁、工作井进入澳门界内等问题，提供了论证方案。

6．BIM 三维设计平台与有限元分析系统集成

通过软件二次开发，实现在 BIM 建模软件中导出工作井计算模型，与大型有限元分析软件结合，对围护结构进行三维仿真受力分析。

三、BIM 技术在施工阶段主要应用

1．暗挖段 BIM 施工模型

暗挖段 BIM 施工模型包含初期支护、二次衬砌、三次衬砌，分为先仰拱、侧墙及中板、最后拱部、临时支撑、袖阀管劈裂注浆管，完成暗挖段全部模型后，可用于施工各个管理段。

2．施工进度管理

拱北隧道项目工期要求严格，在总体进度控制框架下，由施工单位在征求各单位的意见后，编制总体进度计划；然后利用 Autodesk Navisworks 软件强大的数据整合功能，将总体进度计划与 BIM 施工模型各构件相互关联，采用软件二次开发方式，实现拱北隧道施工进度管理系统。

施工进度管理系统，整合工程项目各单位计划进度信息，在施工过程中重点监控进度执行情况，协助总体单位完成进度的动态控制。当系统采集的进度执行情况与计划情况不一致的时候，系统会主动提示并持续跟踪和反馈；4D 施工模拟更是以可视化的方式，向众多参与方，集成展示整个项目的总体进度情况，对严格控制工期起到重要作用。

3．漫游与工序模拟

拱北隧道工程复杂，主要对复杂工点进行工序模拟，利用游戏引擎强大的展示功

能，制作三维施工工序模拟，可以直观浏览、检查和方案的修改，有效应对拱北隧道工程项目工序复杂的挑战。

四、项目创新

经过充分的调研和专家咨询，项目组针对拱北冻结法施工，结合 BIM 技术特点，制订了管幕冻结设计方案，开发了管幕温度监控系统。为配合暗挖施工，冻结管幕横断面上分为 A，B1，B2，B3，C 五个区。为控制土体的冻胀效应，采用控制性冻结施工，并在冻结 A 区及局部敏感区域采用注浆改良冻结法。同时，分别在各区安装温度传感器，以便掌控温度的变化情况。

拱北隧道冻结法管幕温度监控系统，首先需要建立冻结管、监测点 BIM 模型。然后，对监测点进行编号，将温度采集数据与 BIM 模型构件关联。管幕温度监控系统，实现温度数据关联、温度变化趋势查询、温度预警以及风险定位等功能。相对于传统模式，基于 BIM 技术的管幕温度监控系统可以结合三维模型对于历史数据、监测点位置等多个方面进行综合分析，可以更加准确、及时定位于风险的位置，使项目的安全与质量得到提升。

BIM 在大型工程中的作用非常显著，节省工期、节约资源，而近年各地也多次发文，绿色建筑、智慧城市等词频频提出，BIM 作为满足当下国情需要的建造技术，必将在越来越多的项目中彰显其价值。而 BIM 从业者在定位未来时，BIM 全局观是关键。

BIM 案例：BIM 技术在北京地铁 7 号线东延 01 标标段项目中的应用

一、项目简介

1. 项目信息

北京地铁 7 号线东延 01 标段，共包含 2 站 2 区间，分别为：黄厂村站、豆各庄站、焦化厂站—黄厂村站区间、黄厂村站—豆各庄站区间。标段西起自焦化厂站（不含）下穿东五环路、上跨南水北调输水管线向东敷设经黄厂村站向东穿越大柳树排水沟、西排干渠、通惠灌渠后到达豆各庄站，标段长为 3.25 公里。

2. 工程特点

本工程工作内容包括车站、区间的土建工程、降水工程及站前广场等。整个项目面临工程量大，工法多样，施工覆盖范围广，施工时间较长，作业面广，专业分工细等诸多难点。施工过程中还面临"三多一少"的问题，即作业面多、危险源多、质量控制点多，在施工区域内可以利用的施工场地少。

二、BIM 技术在项目中的应用

1. 利用 BIM 技术实现标准化建设

本项目利用 BIM 技术实现三维施工场地布置及立体施工规划，实现标准化建设可视化，形象生动，并能够有效传递标准化建设实施的各类信息，实现绿色信息智能化管理。同时通过漫游从细部到整个施工区，快速全面了解项目标准化建设的整体和细部面貌。

2. 利用 BIM 模型辅助技术管理

现场技术人员根据项目 BIM 人员建立的三维模型，利用模型上的数据信息进行图纸审核，能及时发现冲突碰撞等设计问题。将 BIM 模型和施工模拟应用于方案交底、培训汇报，表达更加准确形象，易于理解沟通。

运用三维模型进行细节展示，通过施工模拟预演施工过程，形象生动，方便工人理解、操作，提高技术交底质量，指导现场施工。在方案中插入三维模型，逼真直观，解说性更强，便于理解。

3. 利用 BIM5D 平台进行质量、安全问题的跟踪管理

本项目人员利用 BIM5D 手机端、云端、电脑端和网页端，完成现场的质量、安全管理。技术部和安全部人员，在现场巡查过程中及时上传质量、安全问题，生产工区人员在接到相关问题提醒后，及时进行整改，通过数据共享和集中分析，实现现场施工安全问题跟踪管理，隐患排查实时具体，落实整改更迅速及时。

随着手机端操作的不断普及，现场人员已经习惯性采用此种方式进行问题记录和反馈。据统计，自开工以来，共计持续完成 22 周的质量安全问题的跟踪管理。自从使用了此方法，项目每周的生产例会，各工区质量安全负责人均通过 Web 端口的数据导出进行数据整理和分析，大大节约了素材准备的时间。

4. 利用 BIM5D 平台开展进度管理

进度一直是项目上重要关注点，本项目就利用了手机端的反馈情况，PC 端同步录入，Web 端存留共享的方式，让进度情况变得更加直观。计划进度与实际进度进行对比，滞后进度会突出显示，警示技术人员需采取有效措施，及时调整进度安排，有效进行进度管控。

生产工区现场人员，在巡查现场的同时，将现场进度情况通过手机端进行录入反馈，为非现场人员制作施工进度周汇报、实际进度录入情况提供了准确的数据性依据。一次录入多次输出使用，且将信息进行了留存，方便了后续的调取。

5. 利用 BIM5D 平台进行构件施工跟踪管理

形象进度一直是项目上现场施工情况的呈现方式。本项目现场工区人员利用手机端构件跟踪功能对构件各重要工序进行实时跟踪管理，进行现场记录、拍照，责任到人，利用信息化手段创新现场施工管理。

在此过程中，BIM 组人员提前根据现场进度安排情况，将现场准备施工部分做追踪事项编排，确认工序到具体人员。现场工区人员通过广联达 BIM5D 手机端就可以调取出需要跟踪的内容，根据构件编号的方式，填写构件各个施工工序，并拍照留存，让施工工序更加标准、合理、可追溯。

作为非现场人员，均可以网页端实时同步更新现场信息，方便浏览查看目前的进度情况，进而了解每个阶段的跟踪情况。

项目❶

标高与轴网

　　某建筑共 7 层，其中首层地面标高为±0.000，首层层高 6.0m，第二至第四层层高 4.8m，第五层及以上层高均为 4.2m。请按要求建立项目标高，并建立每个标高的楼层平面视图。请按照以下平面图中的轴网要求绘制项目轴网，最终结果以"标高轴网"为文件名保存。

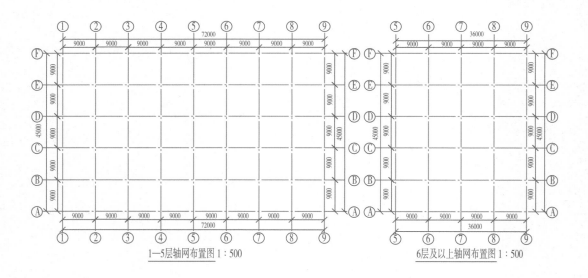

1—5层轴网布置图1:500　　　　　　　　　　6层及以上轴网布置图1:500

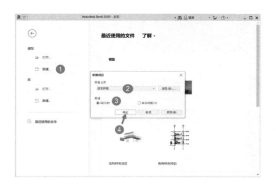

1 打开 Revit2020 软件，①在首页上点击"新建…"，②选择"建筑样板"，③新建"项目"，④点击"确定"。

2 绘制标高：在项目浏览器中双击"视图"→"立面"→"东"选项。

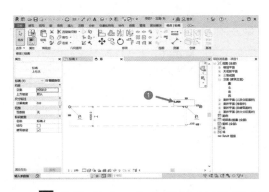

3 修改标高：将光标指向 2F 标高一端，并滚动鼠标滑轮放大该区域。双击标高值，在文本框中输入 6.000，按 Enter 键完成标高值的更改操作。

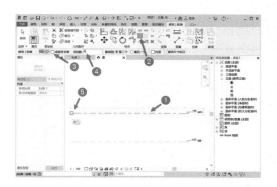

4 阵列标高：①选择要阵列的标高，②在"修改 | 标高"选项卡中单击"阵列"按钮，③取消成组关联，④输入项目数：4，⑤单击标高的任意位置确定基点。

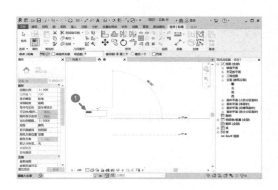

5 ①输入距离 4800。按 Enter 键完成标高值的输入操作。

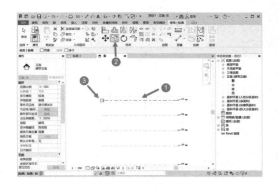

6 复制标高：①选择要复制的标

高，②在"修改｜标高"选项卡中单击"复制"按钮，③单击标高的任意位置确定基点。

7 ①输入距离 4200。按 Enter 键完成标高值的输入操作。

8 重复复制标高，完成标高 7 的绘制。

9 双击"楼层平面—标高 1"。

10 绘制轴网。①点击"建筑"选项卡下的"轴网"。

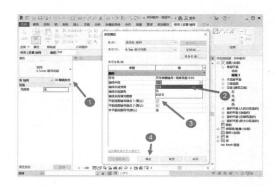

11 绘制竖向轴网。①点击"编辑类型"，②在弹出的"类型属性"对话框中"轴线中段"选择"连续"，③勾选"平面视图轴号端点 1（默认）"。④单击"确定"。

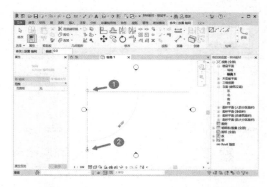

12 ①在绘图指定第一点，②指定第二点，按 Enter 键结束命令。

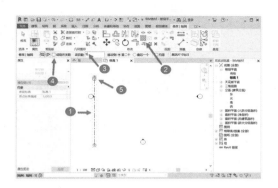

13 阵列轴线：①选择要阵列的轴线，②在"修改｜标高"选项卡中单击"阵列"按钮，③输入项目数：9，④取消成组并关联，⑤单击轴线上的任意位置确定基点。

14 ①输入距离 9000，按 Enter 键完成标高值的输入操作。

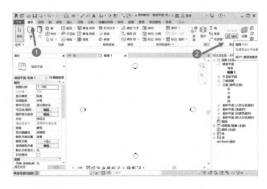

15 绘制横向轴网。①点击"建筑"选项卡下的"轴线"。

16 ①在绘图指定第一点，②指定第二点，按 Enter 键结束命令。

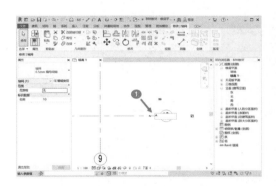

17 修改轴线编号。①双击编号⑩，输入 A，按 Enter 键结束命令。

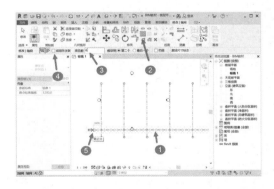

18 阵列轴线：①选择要阵列的轴线，②在"修改｜标高"选项卡中单击"阵列"按钮，③输入项目数：6，④取消成组关联，⑤单击轴线上的任意位置确定基点。

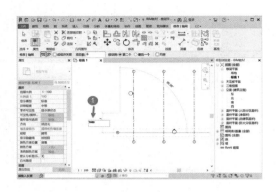

19 ①输入距离 9000。按 Enter 键完成标高值的输入操作。

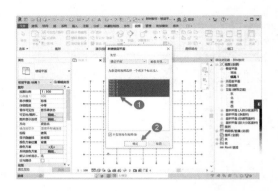

22 ①选择所有的标高，②点击确定按钮，完成楼层平面的添加。

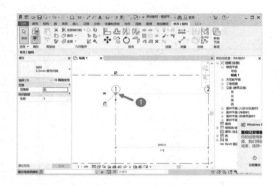

20 调整轴网：①处于 3D 状态，选中圆圈，往上拉。

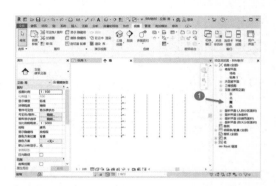

23 调整标高线：在项目浏览器中双击"视图"→"立面"→"南"选项。

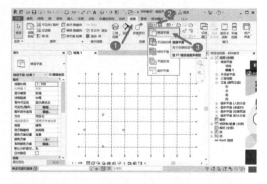

21 添加楼层平面：①点击"视图"选项卡，②点击平面视图的▼按钮，③选择楼层平面，弹出新建楼层平面对话框。

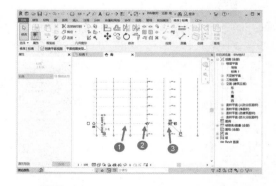

24 ①选中任意楼层标高线，②选中该标高线的夹点，③拖拽至合适位置。

高 6"选项。②单击 A、B、C、D、E、F
水平轴线"3D"标记，切换成"2D"。

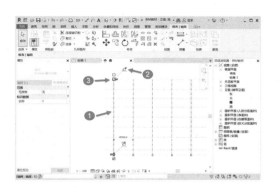

25 调整轴线：①选中任意①号轴线，②点击"打开锁定"按钮，③选取夹点，拖拽至标高 6 以下位置。

28 ①选择夹点，拖拽至合适位置。

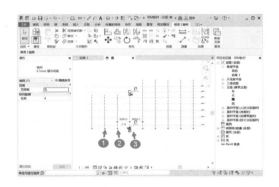

26 同样操作，将②、③、④号轴线拖拽至标高 6 以下位置。

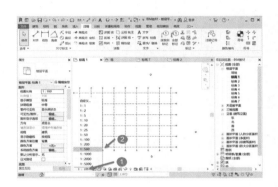

29 调整比例：①单击 1：100 比例，②选择 1：500。

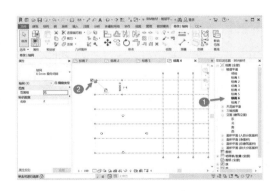

27 调整 6 层轴网：①在项目浏览器中双击"视图"→"楼层平面"→"标

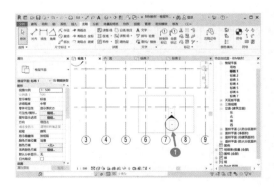

30 移动"视口"图标：①框选"视口图标"。

31 ①移动"视口"图标，放在轴网外侧。其他三个视口一样操作。

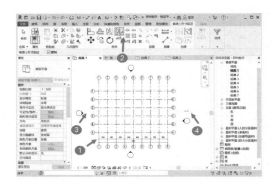

34 镜像尺寸：①选择全部标注，②选择就"镜像—绘制轴"命令，③绘制镜像轴第一点，④绘制镜像轴第二点，完成镜像命令。

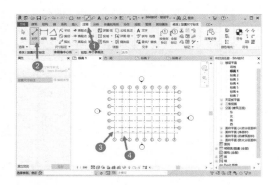

32 标注尺寸：①选择"注释"选项卡，②选择"对齐标注"命令，③选择第一个轴线，④依次选择后面的轴线，点选尺寸线放置位置，完成标注。

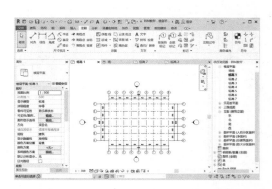

35 绘制且镜像竖向轴网尺寸：方法同水平轴网。

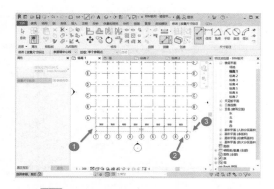

33 标注总尺寸：①选择第一根轴线，②选择最后一根轴线，③点选尺寸线放置位置，完成标注。

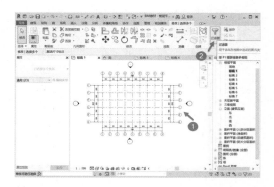

36 拷贝至其他楼层：①全选轴网和尺寸标注，②点击"过滤器"。

37 ①取消勾选"轴网"，②点击"确认"。

38 ①点击"复制到剪切板"命令，①点击"粘贴"下拉菜单，②选择"与选定的视图对齐"。

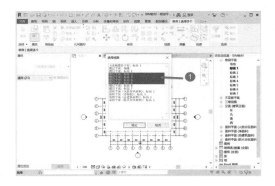

39 ①选中"标高 2、标高 3、标高 4、标高 5"，②点"确定"按钮。

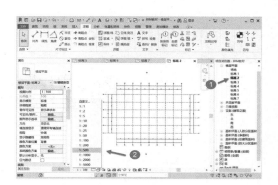

40 调整其他楼层比例：①在项目浏览器中双击"视图"→"楼层平面"→"标高 2"选项。②单击 1 : 100 比例，选择 1 : 500。其他标高同。

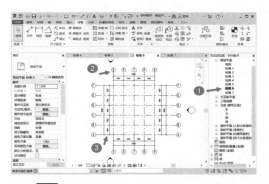

41 绘制 6 层尺寸标注：①在项目浏览器中双击"视图"→"楼层平面"→"标高 6"选项，②调整轴网位置，③绘制尺寸标注。

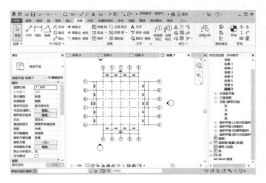

42 拷贝至标高 7 楼层：过程同上。

项目2

基 础

根据下图中给定的投影尺寸，创建形体体量模型，基础底标高为－2.1m，设置该模型材质为混凝土。请将模型体积用"模型体积"为文件名以文本格式保存在相应文件夹中，模型文件以"杯形基础"为文件名保存到相应文件夹中。

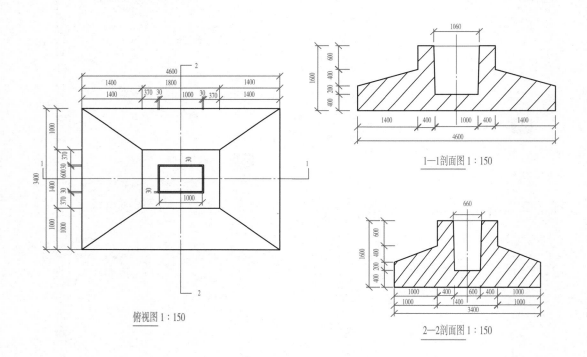

俯视图 1:150

1—1剖面图 1:150

2—2剖面图 1:150

1 打开 Revit2020 软件，可以看到模型和族两个类别，①在首页上点击族类别下的"新建…"，②在弹出的对话框中选择"概念体量"，③单击"打开"按钮。

也可以第二步直接双击"概念体量"文件夹省略第三步。

2 ①点击"公制体量"，②点击"打开"按钮，或者直接双击"公制体量"。

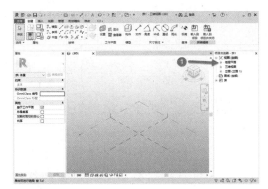

3 ①点击项目浏览器里"楼层平面"前面的"＋"按钮。

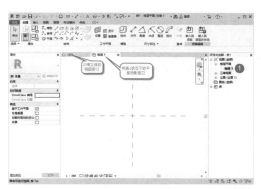

4 ①在项目浏览器里"楼层平面"下拉选项中双击"标高 1"显示标高 1 水平面投影。

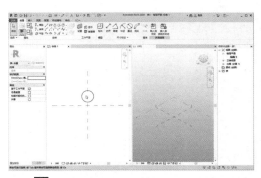

5 在英文状态下输入"wt"窗口显示直接平分为"标高 1"平面和三维立体显示两个窗口。鼠标如图放置在相应窗口，双击鼠标滚轮，显示居中视图。

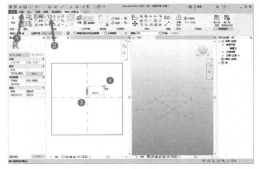

6 ①点击"创建"选项卡，②点击"矩形按钮"，③在绘图区域任意位置单击鼠标左键，④向对角方向移动鼠标，如见会显示相应尺寸数字，可以移动到

显示所需要的数字时单击左键，或者任意尺寸点击左键，然后修改。

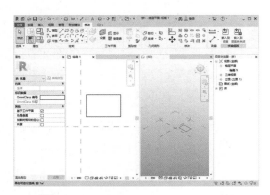

7 矩形画好后可以通过滚轮调整图形大小，按两次"Esc"键退出绘图命令。

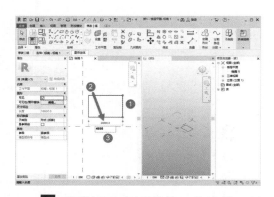

8 ①鼠标双击矩形的一条边线，显示颜色会发生变化，②单击尺寸数字，出现可编辑输入框，③在输入框内输入图纸上的数字"4600"，然后回车键。

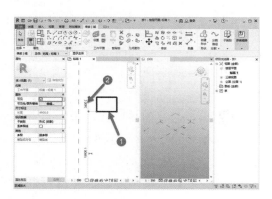

9 用上一步同样的方法双击矩形另一条边，再单击数字输入"3400"，然后回车键，得到如图结果。

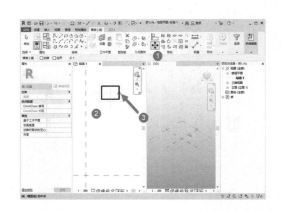

10 ①在"修改"选项卡单击"移动"按钮，②在标高 1，绘图区域框选现有矩形图形后键盘敲击回车键或者空格键，矩形图形会显示如图的虚线框，③把鼠标放置在矩形一边中点处会显示如图的三角形符号，单击鼠标左键拖动图形到相应位置。

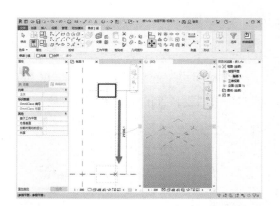

11 接上一步骤，拖动矩形图形到定位轴线处，会显示中点和轴线重合处出现"×"符号。再单击鼠标左键，放置图形。可以根据需要把图形拖动到任意位置。需要注意的是，在此绘图区域只能做平面位置的移动。

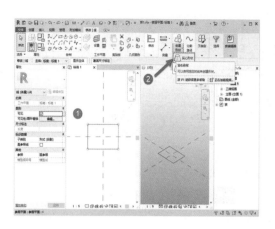

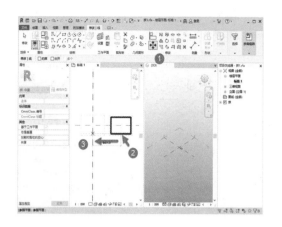

12 ①在"修改"选项卡单击"移动"按钮，在标高1，绘图区域框选现有矩形图形后键盘敲击回车键或者空格键，矩形图形会显示如图的虚线框，②然后把鼠标放置在矩形一边中点处会显示三角形符号，单击鼠标左键即可拖动图形，③图形移动到相应轴线位置会显示"×"符号。单击鼠标左键放置图形即可。

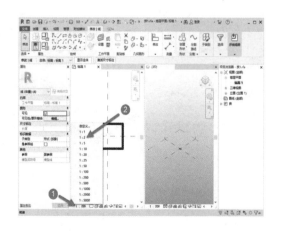

13 把鼠标放在标高1绘图区域通过滚轮调整图形大小，如果觉得线条太粗可以通过视图控制栏调整，①单击比例尺，②在弹出的菜单里选择比例尺调整显示。

14 ①在标高1绘图区域框选矩形，②点击"创建形状"，在下拉菜单中单击"实心形状"。

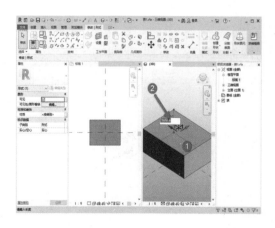

15 ①在3D绘图区域单击鼠标选择立体顶面。这里需要注意鼠标放置在模型上时，将要被选择的模型颜色变为蓝色。如果变色的不是顶面可以通过键盘"Tab"键进行调整，每按一次"Tab"键图形选择的区域颜色都会有变化，请仔细辨别。②单击模型的高度数字，输入"600"，然后按回车键。完成高度调节。

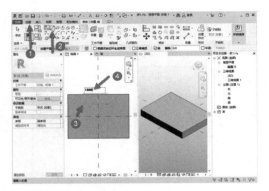

16 ①在"创建"选项卡下找到"绘制"面板。②在"绘制"面板单击"直线"按钮。（此步骤也可以参考前面画矩形的步骤完成绘制。）③在标高 1 绘图区域模型范围内任意位置单击鼠标左键。横向移动鼠标，拉出直线。④用键盘输入"1800"，按回车键。

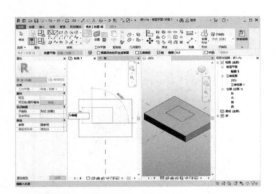

17 重复上一步骤，画出另一边，最后完成矩形绘制，结果如图。

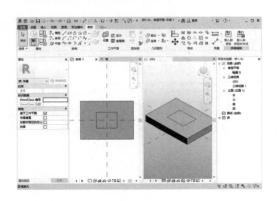

18 重复移动命令步骤，把新画的矩形移动到中心位置。

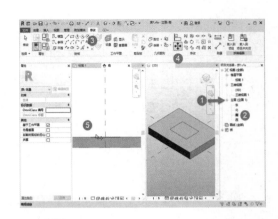

19 ①在项目浏览器里单击"立面"前面的"＋"按钮。②双击下拉菜单里的"南"，③单击"修改"选项卡。④在"修改"面板，单击"移动"按钮。⑤在南立面绘图区域移动鼠标至小矩形位置，注意图形颜色变化，框选变色区域。

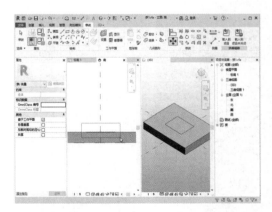

20 需要注意的是这里框选只能从左上角向右下角拉动，选择框内的图形。如果是从右下角向左上角拉动所有和选择"框"接触的图形，都会被选中。

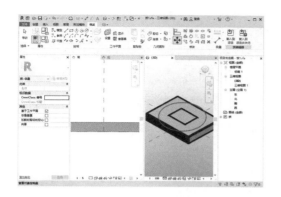

21 选中后的结果如图所示。

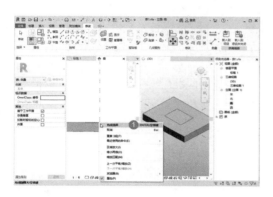

22 ①单击鼠标右键，出现选项菜单，然后再单击"完成选择"。此步骤也可以直接敲击键盘回车键或者空格键。

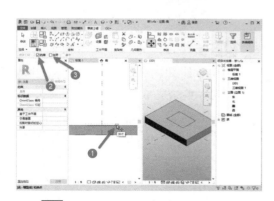

23 ①鼠标放置到南立面图被选中的图形一端，单击后向上拖动。如不能移动，②不要"√"选"约束"，③"√"选分开。

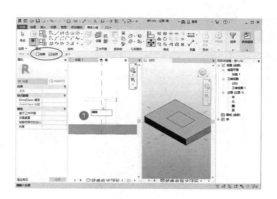

24 注意选项栏"约束"和"分开"的选择状态。①竖直拖动鼠标，键盘输入"400"，按回车键结束。

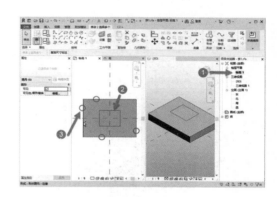

25 ①在项目浏览器双击"标高 1"切换绘图区域。②选择小矩形，可以框选也可以点击。③按住键盘"Ctrl"键，鼠标会在箭头旁出现一个"＋"号，分别点击大矩形的四边。

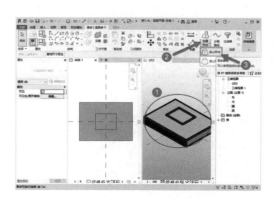

26 ①注意观察 3D 绘图区域的选择结果，如图所示。②单击"创建形状"，③单击"实心形状"，创建模型。

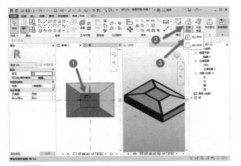

27 ①鼠标放置在箭头所指小矩形一边处，通过键盘"Tab"键切换选择区域，当小矩形四边为蓝色时，单击鼠标左键选择。②单击"创建形状"，③单击"实心形状"，创建模型。

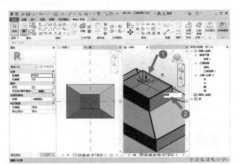

28 ①鼠标放置在箭头所指小矩形一边处，通过键盘"Tab"键切换选择区域，当小矩形四边为蓝色时，单击鼠标左键选择。②单击高度数字，输入"600"完成修改。

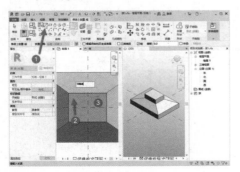

29 ①在创建选项卡里绘制面板单击"直线"按钮，②在图示蓝色矩形框范围内任意一点，单击鼠标左键，③水平移动拉出直线，键盘输入"1060"。回车键完成一段直线绘制。

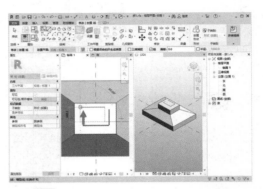

30 重复上一步骤，如图，最终完成矩形绘制。

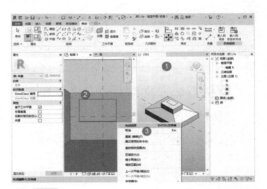

31 ①在创建选项卡，修改面板单击"移动"按钮，②框选矩形，③单击鼠标右键，单击完成选择。

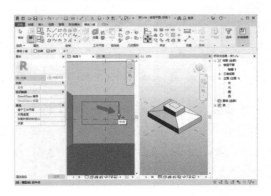

32 鼠标移动到矩形一边点击中点，然后移动图形到轴线位置，再点击鼠标左键放置图形。可以重复本步骤，让矩形中心和轴线对齐。

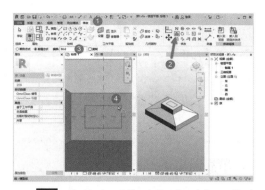

33 ①单击"修改"选项卡，②在修改面板里点击"偏移"按钮，③在选项栏输入"30"，④把鼠标放在需要偏移的直线一侧，会出现即将偏移的虚线，点击鼠标左键确定。

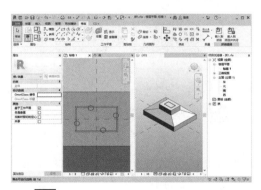

34 四边都完成偏移后，结果如图。

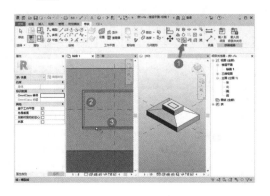

35 ①点击"修改/延伸为角"按钮，②点击一条直线，③注意需要保留的部分，如果需要保留"2"直线的右侧部分就点击右侧，如果需要保留"2"直线左侧的部分就点击左侧。

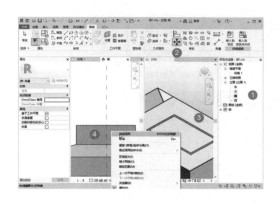

36 ①在项目浏览器双击"南"，②点击"移动"按钮，③在 3D 视图选择图示小矩形，选择后变成蓝色显示。④注意，一定要把鼠标放到"南"绘图区域点击右键，再左键点击"完成选择"。

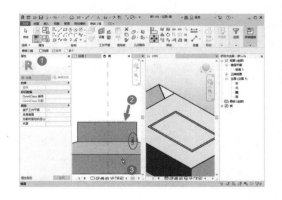

37 ①点击选项状态栏"约束"，不要勾选。②鼠标左键点击图示位置，③竖直移动鼠标。注意数字变化，当数字为"1200"时点击左键。也可以键盘输入"1200"后，按回车键。

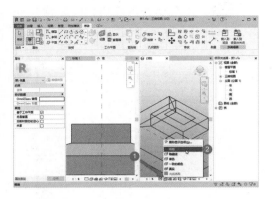

38 可以通过调节显示，看到移动结果。①单击视图控制栏里的"视觉样式"按钮，②在菜单中选择线框，即可切换显示样式。

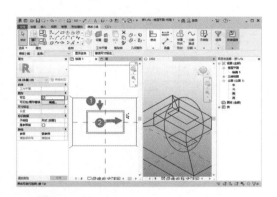

39 切换到"标高 1"视图，重复上一步骤，调整视觉样式为线框，①单击矩形边框，②按住键盘"Ctrl"键，同时用鼠标点击小矩形边。选择结果如图。

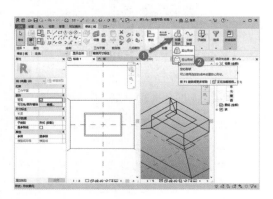

40 ①单击"创建形状"按钮，②在下拉菜单中点击看"空心形状"完成建模。

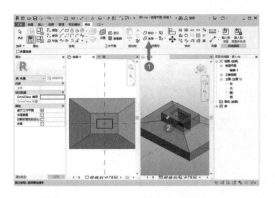

41 ①在修改选项卡里点击"连接"按钮，②依次点击图形，连接成整体。

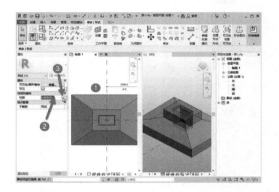

42 ①用"Tab"键切换，选择整个模型，②点击属性选项卡"材质"后面的空白处，出现小方块" "，③点击小方块进入"材质浏览器"。

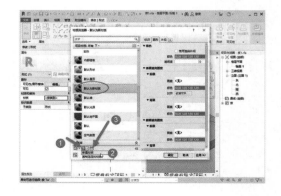

43 ①点击"创建及复制材质"按钮，②在下拉菜单中选择新建材质，出现默认为新建材质，可以单击鼠标右键重新命名所需名称，这里省略，③点击"打开资源浏览器"，选择材质。

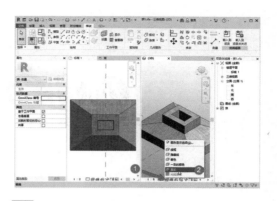

44 ①在资源浏览器中单击外观库前面的"▼"，②找到混凝土，再点击"▼"，③单击"现浇混凝土"，④双击"现浇混凝土"，⑤单击"应用"按钮，⑥单击"确定"按钮，完成材质建模。

45 ①如果模型不能显示混凝土，可以单击"视觉样式"按钮，②在弹出的菜单中选择点击"真实"，即可完成显示。

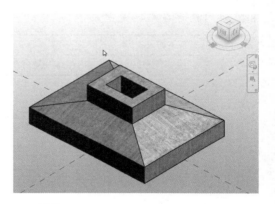

46 最终完成的模型如图所示。以"杯形基础"为文件名保存到相应文件夹中。

项目③ —— 条形基础

根据给出的剖面图及尺寸，利用基础墙和矩形截面条形基础，建立条形基础模型，并将材料设置为 C15 混凝土，基础长度取合理值。结果以"条形基础"为文件名保存在文件夹中。

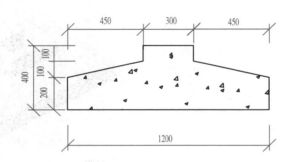

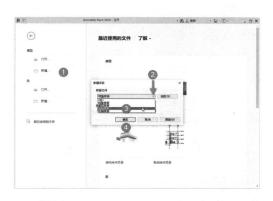

1 ①打开软件，点击模型栏里的"新建"按钮，打开新建栏目菜单。②点击下拉菜单，③选择"结构样板"，④点击确定，进入软件。

2 ①点击在"结构"选项卡，②点击"墙"按钮，③在下拉菜单里选择"墙结构"。④在属性选项卡里点击"编辑类型"按钮，进入属性编辑菜单。

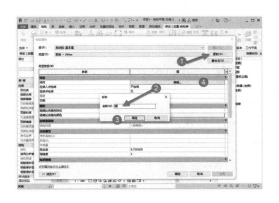

3 ①在类型属性菜单点击"复制"按钮，②重命名墙的名称，这里以"墙"为例，③点击确定按钮，完成重命名。④点击类型参数表格里的结构行的"编辑"按钮，打开"编辑部件"菜单。

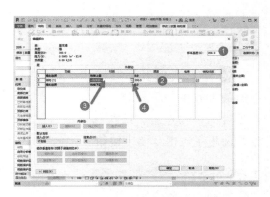

4 ①样本高度修改高度，按图纸标识输入"200"。②第二行，在厚度单元格输入"200"，③在层列表里第二行，材质单元格点击空白处，出现小方块，④点击小方块打开材质浏览器。

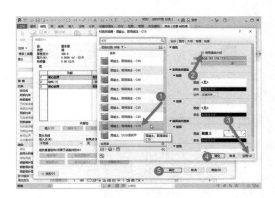

5 ①在材质浏览器中找到"混凝土"单击所需要的种类。②在图形选项卡里勾选"使用渲染外观"，③点击"应用按钮"，④点击"确定"按钮，⑤再点击编辑部件菜单的"确定"按钮，完成设置。

6 ①点击项目浏览器"结构平面"前面的小方块，②双击"标高 1"打开标高 1 视图，③点击"结构选项卡"，④在结构面板里点击"墙"按钮。

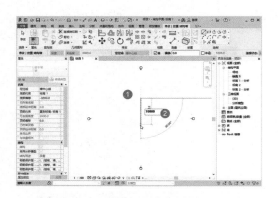

7 ①在绘图区任意位置单击鼠标左键。②移动鼠标，尽量水平或者竖直，然后键盘输入"10000"（这个数字是自定的），按回车键，完成墙体绘制。

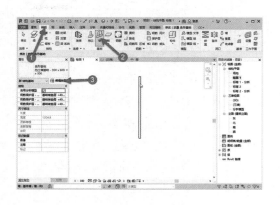

8 ①点击结构选项卡，②在基础面板里点击"墙"按钮，③在属性选项板点击"编辑类型"按钮，进入类型属性菜单。

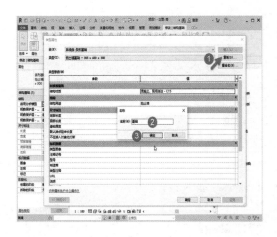

9 ①点击"复制"按钮，打开重命名，②在名称栏输入"基础"，③点击"确定"按钮。

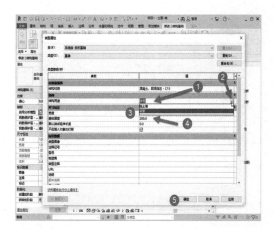

10 ①点击类型参数表格结构用途单元格，②在下拉菜单中选择"承重"类型，③点击"宽度单元格"后的数据，输入"1200"，④点击基础厚度单元格的数据，输入"200"。

11 ①点击之前绘制的墙体模型，软件自动放置基础，但是没有显示模型图像，注意软件弹出的警告提示，需要调整显示设置。

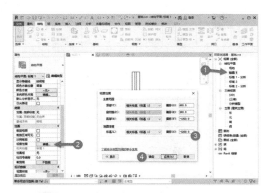

12 ①单击项目浏览器的"标高 1"，②在属性选项卡里找到视图范围点击"编辑"按钮。③在打开的视图范围菜单里找到视图深度输入"－3200"，此处数据需要大于需要显示模型的标高，读者可以自行尝试。④点击应用后再点确定。

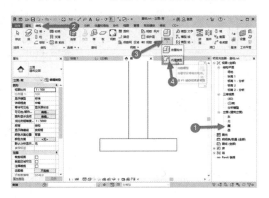

13 ①在项目浏览器，点击立面视图下的"南"立面视图，②点击结构选项卡，③模型里点击"构件"下拉菜单，④点击内建模型，打开"族类别和参数"菜单。

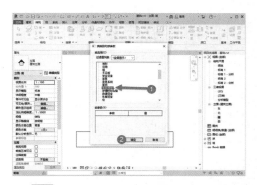

14 ①找到"常规模型"，单击，②点击"确定"按钮，然后在弹出的命名菜单里输入任意名称。

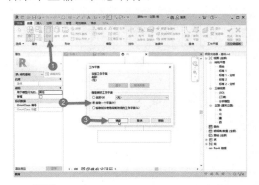

15 ①在"形状面板"中点击"拉伸"按钮，②在弹出的工作平面菜单中选择"拾取一个平面"，③点击"确定"按钮。

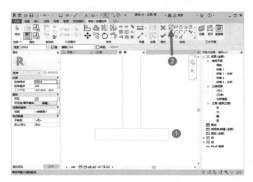

16 ①把鼠标放在模型图上，用 Tab 键切换选择部位，每按一次 Tab 键图形颜色会发生变化，当基础立面为蓝色时点击鼠标左键选择，②点击绘制面板里的"直线"按钮。

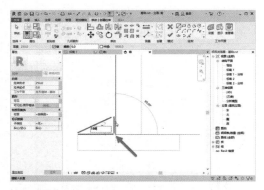

17 按照如图红色线段的三角形，依据图纸的尺寸绘制。

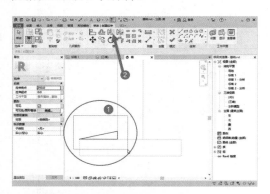

18 ①框选画好的三角形，②点击修改面板里的"镜像—拾取轴"按钮。

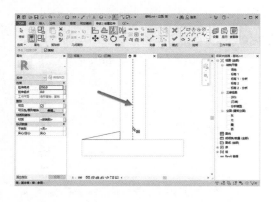

19 把鼠标移到绘图区，当鼠标接近对称轴时会自动显示，此时点击鼠标左键，完成镜像。

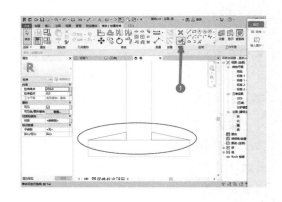

20 当出现如图图形时，①点击模式面板的"✔"按钮完成模型绘制。

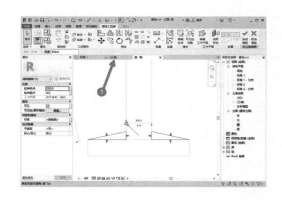

21 ①点击三维视图，切换显示模式，查看绘图效果。

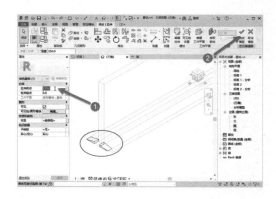

22 图形目前不是需要的形状，①点击属性选项板的"拉伸终点"。通过观察目前数据是正数，模型延伸方向和我们的预期相反，所以这里输入"－10000"。

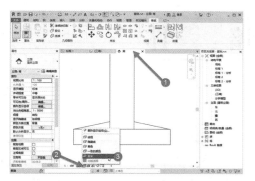

23 ①点击各个显示模式，此处以南立面为例，②在视图控制栏点击"视觉样式"按钮，③选择真实显示模式。

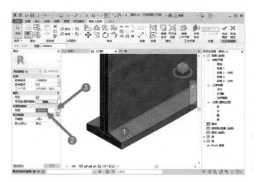

24 ①切换到三维模式，选择刚刚绘制的两个三棱柱模型，②在属性选项卡点击材质单元格，③再点击单元格后出现的"□"，打开材质浏览器。

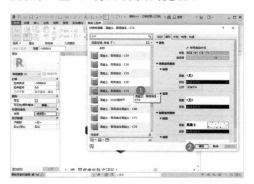

25 ①在材质浏览器的项目材质列表找到对应的混凝土种类，单击选择，和前面一样，勾选使用渲染外观，②点击确定按钮。

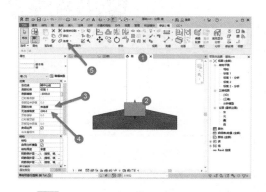

26 ①切换到南立面视图，②点击选中墙体。图中蓝色显示部分，③在属性选项卡里点击顶部约束，选择未连接，④在属性选项卡里点击无连接高度，输入"200"，⑤点击几何图形选项卡里的"连接"按钮，然后依次点击所有模型，完成建模。

27 最终的模型如图所示。

项目 4 墙 体

按照下图所示,创建如下墙体类型,并将其命名为"外墙"。之后以标高1至标高2为墙高,创建半径为5000mm(以墙核心层内侧为基准)的圆形墙体,最终结果以"墙体"为文件名保存。

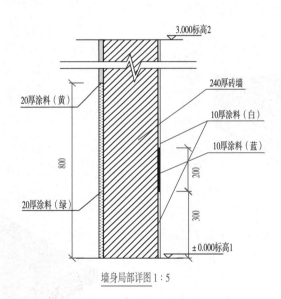

墙身局部详图 1:5

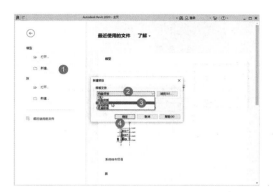

1 ①打开软件，在模型栏点击"新建"，②在新建项目菜单中点击下拉，③单击"建筑样板"，④点击"确定"按钮。

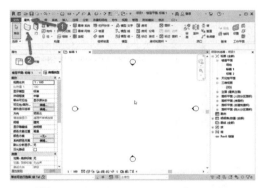

2 ①点击建筑选项卡，②单击"墙体"按钮，此处无须下拉菜单选择。

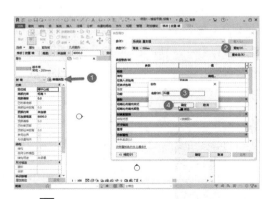

3 ①点击属性选项卡里的"编辑类型"按钮，②在弹出的类型属性菜单里点击"复制"按钮，③在弹出的名称菜单里输入"外墙"，④点击"确定"按钮。

4 ①在类型属性菜单点击"预览"按钮，打开视图预览，②在类型属性菜单，类型参数里点击"编辑"按钮。

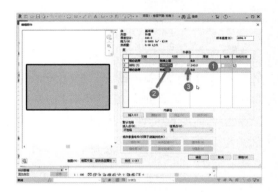

5 ①在编辑部件菜单的层列表里点击"厚度"列下对应的"结构1"行单元格，输入"240"。②在"材质"列单元格单击鼠标左键，③单击单元格里出现的"□"，打开材质浏览器。

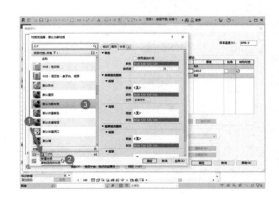

6 ①在材质浏览器菜单单击"创建并复制材质"按钮，打开下拉菜单，②点击"新建材质"。③在新建的材质点击鼠标右键进行重命名。

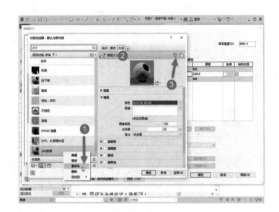

7 ①接上一步，点击右键后在下拉菜单里点击重命名，输入"240 砖墙"。②在材质浏览器里点击"外观"按钮，③点击"替换此资源"按钮，打开资源浏览器。

8 ①在资源浏览器中点击"外观库"前面的"▼"，②在搜索栏里输入"空心砖"，③找到"空心砖"后点击图示按钮或者双击确认。④点击"×"号关闭资源浏览器。

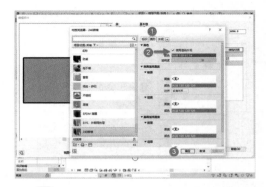

9 ①点击材质浏览器的"图形"按钮，②勾选"使用渲染外观"前面的方框，③点击确认按钮。

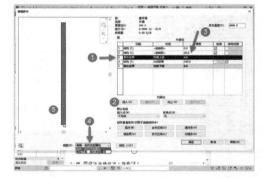

10 ①点击编辑部件菜单的"层列表"核心边界，点击后显示颜色加深，②点击"插入"按钮，两次。这里点两次是因为本项目需要两个面层。③点击厚度单元格，输入"20"。④点击视图下拉菜单，选择"剖面"，⑤鼠标放置到图示位置，用滚轮调节视图大小，查看结果。

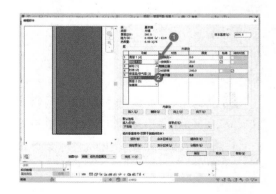

11 ①点击编辑部件菜单的层列表中"结构（1）"单元格里的下拉菜单，②点击"面层 1 [4]"。

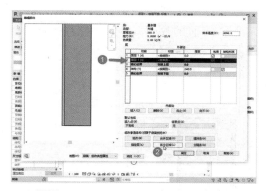

12 ①点击编辑部件菜单的层列表中序号 2 行，可见深色显示，②点击"拆分区域"按钮。

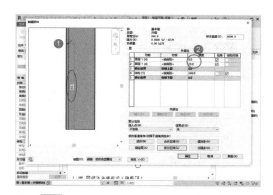

13 ①在图示位置移动鼠标，直到出现"800"的数值，点击左键，②同时注意观察，图示位置的数值变化。

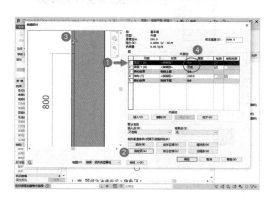

14 ①点击编辑部件菜单的层列表中序号 1 行，可见深色显示，②点击"指定层"按钮，③在图示位置单击鼠标左键，④同时注意表格数据显示变化。

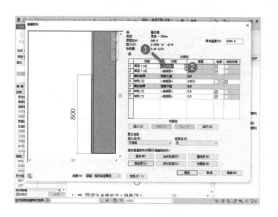

15 ①点击编辑部件菜单的层列表中图示位置的材质单元格，②点击"□"按钮，打开材质浏览器。

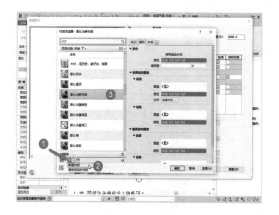

16 ①在材质浏览器菜单单击"创建并复制材质"按钮，打开下拉菜单，②点击"新建材质"。③在新建的材质点击鼠标右键进行重命名，输入"涂料黄"名称。

17 ①点击"打开/关闭资源浏览器",②在资源浏览器中点击"外观库"前面的"▼",③在下拉菜单里找到"涂料",单击,④找到"黄色"后双击确认。⑤点击"×"号关闭。

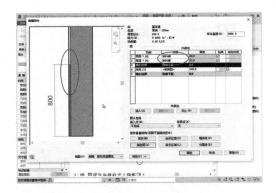

18 重复上面的步骤,完成绿色部分的设置,设置完成过后效果如图显示。

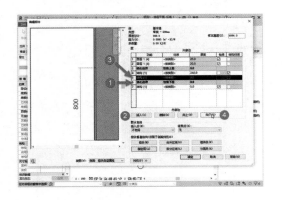

19 ①点击编辑部件菜单,层列表里图示"核心边界"前的序号,本行黑色显示。②点击"插入"按钮,这里点击两次,需要两层设置。③点击刚刚插入的层前面的序号,此行黑色显示,表示选中,④点击"向下"按钮,移动插入的行到最下面。

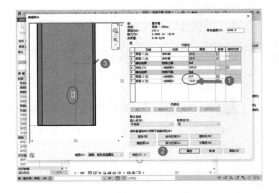

20 ①点击图示位置单元格,输入"10",②点击"拆分区域"按钮,③在图示位置移动鼠标,当显示数字为"300"时单击鼠标左键确认,同时注意表格里的显示变化。完成拆分。按图纸要求的尺寸,再拆分一次。

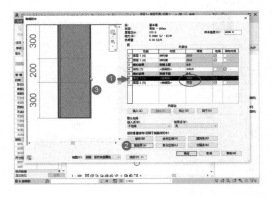

21 ①点击图示位置单元格,前面序号"6",选中状态为深色显示,②点击"指定层"按钮,③在图示位置移动

鼠标，当显示数字为"300"时单击鼠标左键确认，同时注意表格里的显示变化。

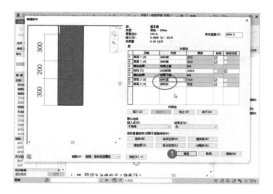

22 用前面同样的方法，设置这两层的材质颜色，以满足项目的要求，①然后点击确定完成墙体各项参数设置。

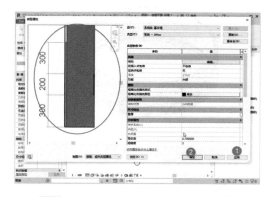

23 ①点击"应用"按钮，②点击"确认"按钮。注意预览图中各部分设置是否符合要求。

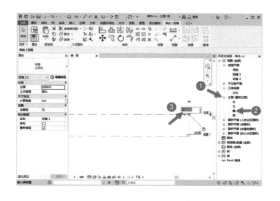

24 ①项目浏览器中点击立面前面的"＋"按钮，②双击"南"，打开南立面视图窗口。③点击标高 2 的数字进行修改，输入"3"。

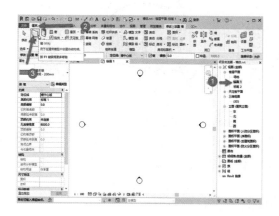

25 ①双击"标高 1"，打开平面视图，②点击"建筑"选项卡，③单击"墙"按钮。

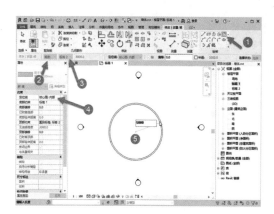

26 ①绘制面板，单击"圆形"命令，②选项栏，点击"高度"下拉菜单选择高度，③单击图示位置下拉菜单选择"标高 2"。④点击属性栏里图示位置，定位线下拉菜单选择按要求"核心面：内部"，⑤鼠标单击一次作为圆心，键盘输入"5000"，回车键，确认。

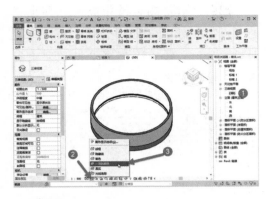 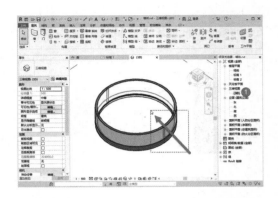

27 ①在项目浏览器单击三维视图中的"3D"，打开三维视图窗口，②在视图控制栏，点击"视觉样式"按钮，③点击"一致的颜色"选项，如果颜色和要求的一样即完成。

28 如果颜色内外和要求的相反，可以沿箭头方向全选模型，用空格键切换内外，查看效果。

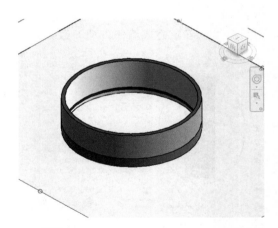

29 最终完成的模型如图所示。

项目5 ——— 门 窗

请用基于墙的公制常规模型族模板，创建符合下列图纸要求的窗族，各尺寸通过参数控制。该窗窗框断面尺寸为 60mm×60mm，窗扇边框断面尺寸为 40mm×40mm，玻璃厚度为 6mm，墙、窗框、窗扇边框、玻璃全部中心对齐，并创建窗的平、立面表达。请将模型文件以"双扇窗.rfa"为文件名保存到学生文件夹中。

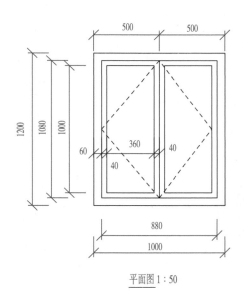

平面图 1∶50

1 打开 Revit2020 软件，①在首页上点击族选项卡中的"新建…"，②选择"基于墙的公制常规模型"，③点击"打开"。

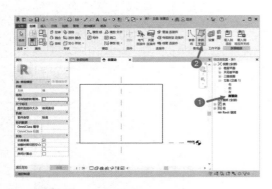

2 ①在项目浏览器中双击"视图"→"立面"→"放置边"选项，②单击"参照平面"按钮。

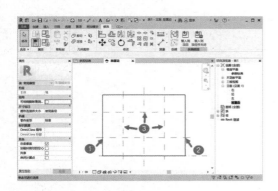

3 绘制参照平面：①在适当的位置点击第一点，②鼠标往右水平拖动，单

击第二点，③依照前两个步骤，绘制其余三个参照平面，按 Esc 退出绘制命令。

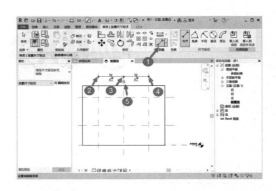

4 ①单击"对齐尺寸标注"，②单击最左侧参照平面，③单击中间参照平面，④单击最右侧参照平面，单击合适的位置放置尺寸标注，⑤点击均分图标。

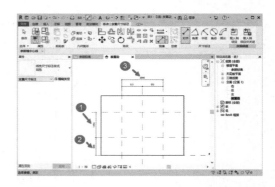

5 ①绘制竖向尺寸标注，②绘制竖向尺寸标注，③绘制水平向尺寸标注，按 Esc 退出绘制命令。

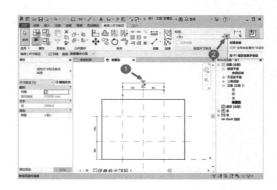

6 ①单击选中该尺寸标注，②单击"创建参数"。

7 ①输入参数名称"宽"，②单击"确定"按钮。

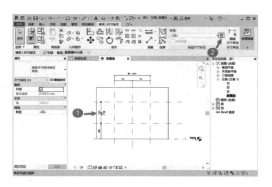

8 ①单击选中该尺寸标注，②单击"创建参数"。

9 ①输入参数名称"高"，②单击"确定"按钮。

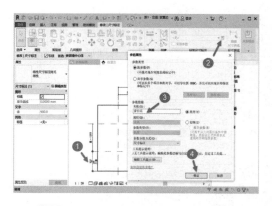

10 ①单击选中该尺寸标注，②单击"创建参数"，③输入参数名称"窗台高"，④单击"确定"按钮。

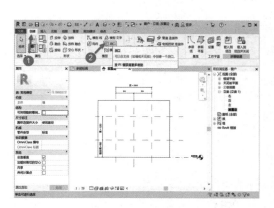

11 ①单击"创建"选项卡，②单击"洞口"按钮。

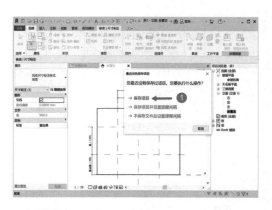

12 ①选"保存项目"。

13 ①编辑文件名"窗户"，②选中"学生文件夹"（单击鼠标右键→新建文件夹→重命名学生文件夹），③单击"保存"。

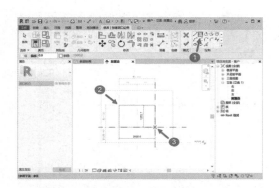

14 ①单击"矩形"按钮，②单击两个参照平面的左上交点，③单击另两个参照平面的右下交点。

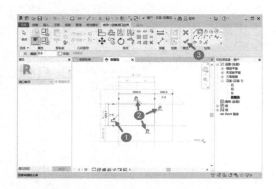

15 ①单击"创建或删除长度或对齐约束"按钮，将洞口边锁定在参照平

面上，②将其他三个洞口边锁定在相应的参照平面上，③单击"√"完成操作。

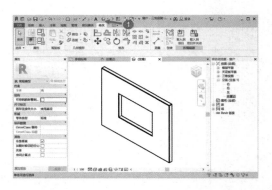

16 ①单击"默认三维视图"，查看三维模型。

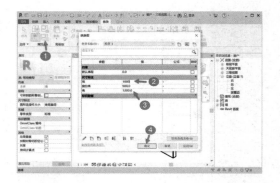

17 ①点击"族类型"按钮，②修改宽为"1000"，③修改高为"1200"，④单击"确定"按钮。

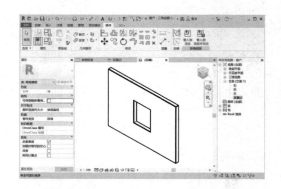

18 查看修改参数后的窗洞。

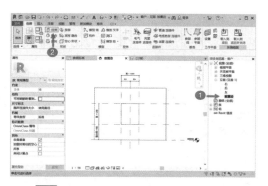

19 ①在项目浏览器中双击"视图"→"立面"→"放置边"选项，②单击"创建"→"拉伸"按钮。

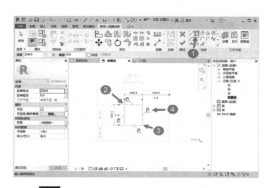

20 ①单击"矩形"按钮，②单击两个参照平面的左上交点，③单击另两个参照平面的右下交点。④单击"锁定"按钮，依次将四个洞口边锁定。

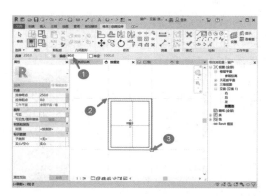

21 ①输入偏移："60"，②单击两个参照平面的左上交点，③单击键盘上的"空格键"使矩形由向外偏移变成向内偏移，单击另两个参照平面的右下交点。

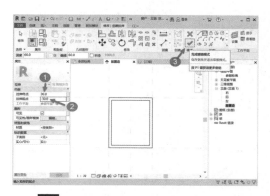

22 ①输入拉伸终点："30"，②输入拉伸起点"－30"，③单击"√"完成操作。

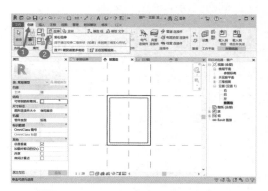

23 ①单击"创建"选项卡，②单击"拉伸"按钮。

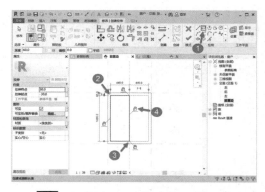

24 ①单击"矩形"按钮，②单击窗框内侧的左上点，③单击窗框内侧的下中点。④单击"锁定"按钮，依次将四个洞口边锁定。

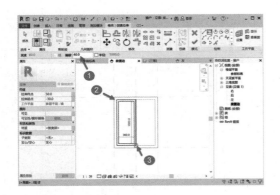

25 ①输入偏移："40"，②单击两个参照平面的左上交点，③单击键盘上的"空格键"使矩形由向外偏移变成向内偏移，单击另两个参照平面的中下交点。

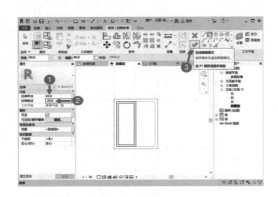

26 ①输入拉伸终点："20"，②输入拉伸起点"－20"，③单击"√"完成操作。

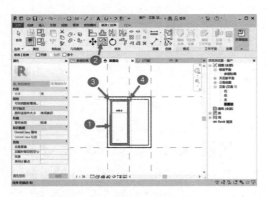

27 ①选中窗扇边框，②单击"复

制"按钮，③单击窗扇边框的左上角为基点，④单击窗扇边框的右上角为放置点，完成复制命令。

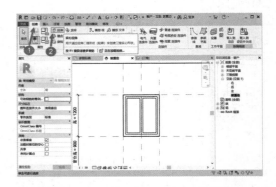

28 ①单击"创建"选项卡，②单击"拉伸"按钮。

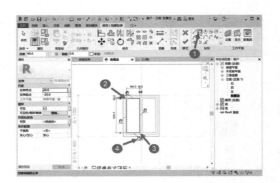

29 ①单击"矩形"按钮，②单击窗扇边框内侧的左上点，③单击窗扇边框内侧的右下点，④单击"锁定"按钮，依次将四个洞口边锁定。

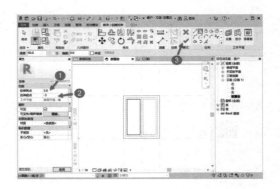

30 ①输入拉伸终点："3"，②输入拉伸起点"－3"，③单击"√"完成操作。

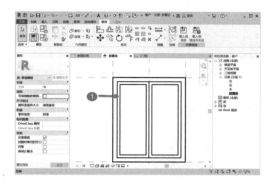

31 ①将鼠标箭头放在窗扇边框上，按一下 Tab 键切换选择的对象，调出选中玻璃边框线，单击鼠标选中。

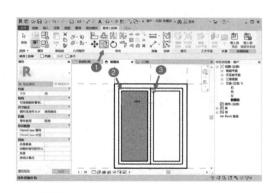

32 ①点击"复制"按钮，②选择左窗扇边框内侧的左上点为基点，③选择右窗扇边框内侧的左上点为放置点，完成复制。

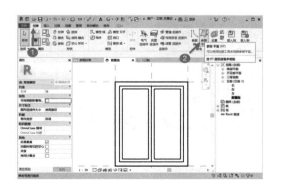

33 ①单击"创建"选项卡。②单击"参照平面"按钮。

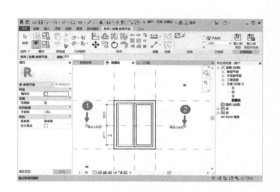

34 ①单击窗左侧中部的任意一点，②单击窗右侧中部的任意一点，按 Esc 退出绘制命令。

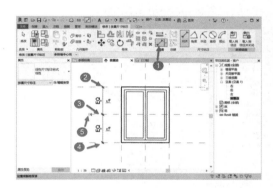

35 ①单击"对齐尺寸标注"，②单击最上侧参照平面，③单击中间参照平面，④单击最下侧参照平面，单击合适的位置放置尺寸标注，⑤点击均分图标。

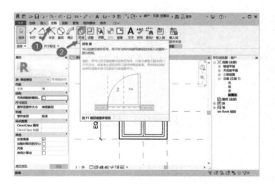

36 ①单击"注释"选项卡，②单击"符号线"按钮。

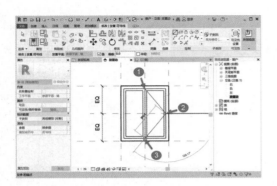

37 ①单击上窗框内侧中点为第一点，②单击右窗框内侧中点为第二点，③单击下窗框内侧中点为第三点；另一半同样绘制，Enter 结束输入。

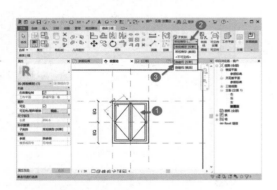

38 ①单击选中符号线，②单击"常规模型［投影］"，③单击选中"隐藏线［投影］"，其余三根符号线同样操作。

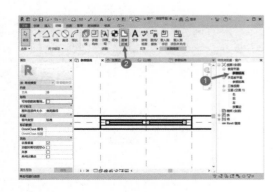

39 ①在项目浏览器中双击"视图"→"楼层平面"→"参照标高"选项，②单击"注释"选项卡→"遮罩区域"按钮。

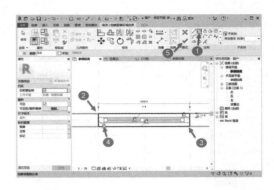

40 ①单击"矩形"按钮，②单击窗洞的左上点，③单击窗洞的右下点，④单击"锁定"按钮，依次将四个洞口边锁定，⑤单击"√"完成绘制。

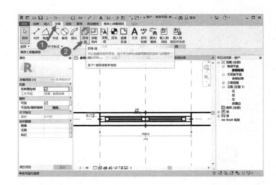

41 ①单击"注释"选项卡，②单击"符号线"按钮。

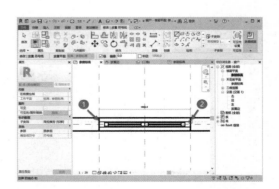

42 ①单击窗框外侧点，②单击窗框外侧另一点，按 Esc 退出连续绘制。

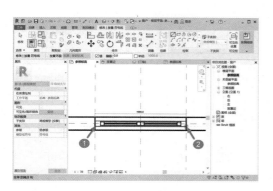

43 ①单击窗框外侧点，②单击窗框外侧另一点，按 Esc 退出连续绘制，再按 Esc 退出符号线绘制。

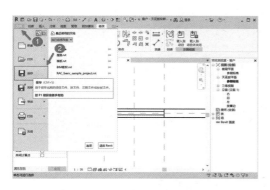

44 ①单击"文件"选项卡，②单击"保存"。

45 ①单击"文件"选项卡，单击

"新建"，②单击"项目"。

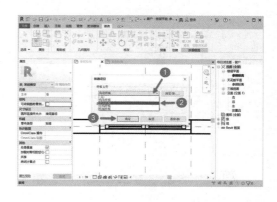

46 ①单击"构造文件"，②单击"建筑样板"，③单击"确定"。

47 ①单击"建筑"选项卡，②单击"墙"。

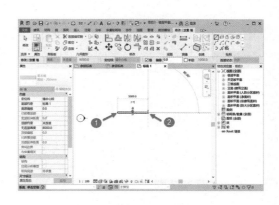

48 ①单击第一点，②单击第二点。

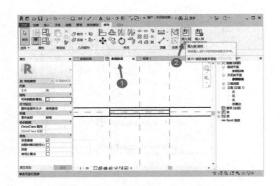

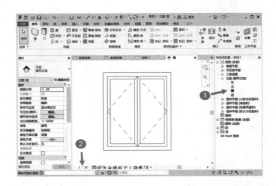

49 ①单击"参照平面"，②单击"载入到项目"。

51 ①在项目浏览器中双击"视图"→"立面"→"南"选项，②单击"1：100"，选择"1：20"，窗户立面表达创建完成。

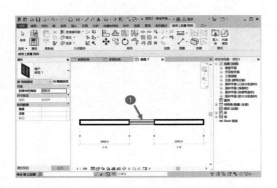

50 ①在墙上单击一点放置窗户，窗户平面表达创建完成。

项目6

楼 板

根据下图中给定的尺寸及详图大样新建楼板，顶部所在标高为±0.000，命名"卫生间楼板"，构造层保持不变，水泥砂浆层进行放坡，并创建洞口。请将模型以"楼板"为文件名保存到文件夹中。

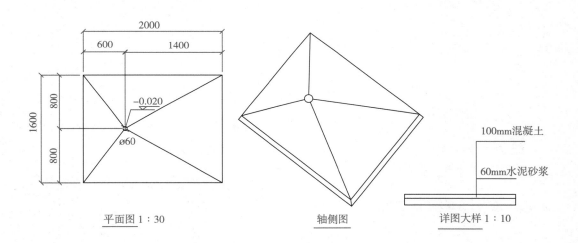

平面图 1：30　　　　　　　轴侧图　　　　　　详图大样 1：10

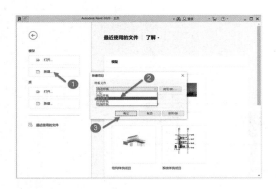

1 打开 Revit2020 软件，①在首页上点击"新建···"，②选择"建筑样板"，③点击"确定"。

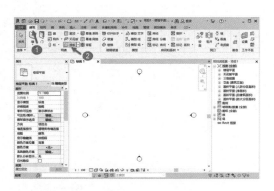

2 绘制楼板：①单击"建筑"选项卡，②点击"楼板"按钮。

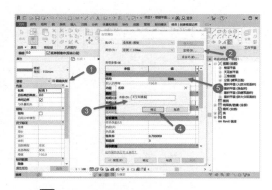

3 编辑楼板类型：①点击"编辑类型"按钮，②点击"复制"按钮，③输入名称"卫生间楼板"，④点击"确认"按钮，⑤点击"编辑"按钮。

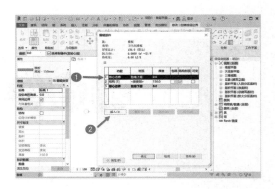

4 ①选中"1 核心边界"，②单击"插入"按钮。

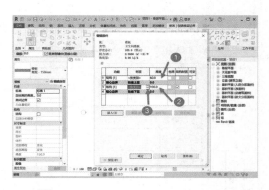

5 ①输入板厚 60，②输入板厚 100，③点击材质按钮修改材质。

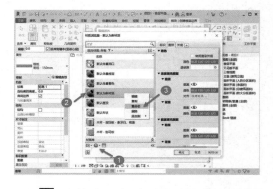

6 ①单击"创建并复制材质"下拉菜单，选择"新建材质"，②选中"默认为新材质"，③单击鼠标右键，选择"重命名"，输入"混凝土"。

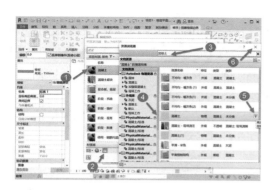

7 ① 选中重命名的"混凝土"，② 单击"打开/关闭资源浏览器"，③ 输入"混凝土"，按"Enter"键，④ 选中"混凝土"，⑤ 单击"将此资源添加到显示在编辑器中的材质"按钮，⑥ 单击"关闭"按钮。

8 ① 单击确认完成材质编辑。

注：材质库中有"混凝土"，无须创建；若无该材质，则按照上述方法创建。

9 ① 点击材质按钮修改材质。

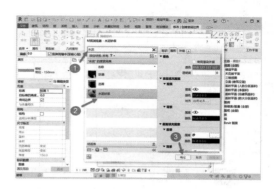

10 ① 输入：水泥，按下 Enter 键结束输入，② 单击"水泥砂浆"，③ 单击"确定"按钮。

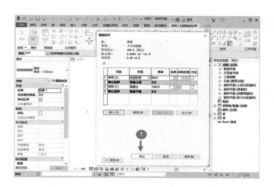

11 ① 单击"确定"，完成"编辑部件"。

12 ① 单击"确定"，完成"类型属性"。

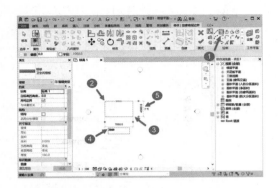

13 绘制楼板：①点击"矩形"按钮，②任选第一点，③任选第二点，④单击尺寸，修改为"2000"，⑤单击尺寸，修改为"1600"。

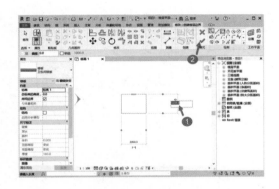

14 ①单击尺寸，修改为"1600"，②单击"√"完成绘制。

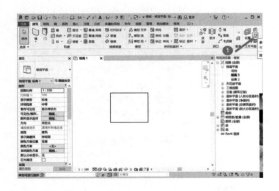

15 绘制参照平面：①点击"建筑"选项卡下的"参照平面"按钮。

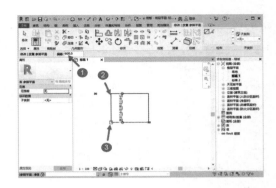

16 ①在偏移输入：600，②单击板的左上角点为第一点，③单击左下角点为第二点。

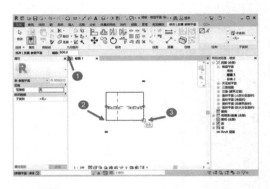

17 ①在偏移输入：800，②单击板的左下角点为第一点，③单击右下角点为第二点。按 Esc 退出绘制命令。

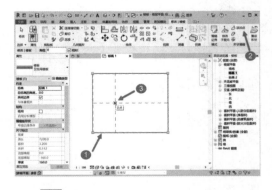

18 添加点：①单击选中板，②单击"添加点"按钮，③单击两个参照平面的交点添加点，按 ESC 退出命令。

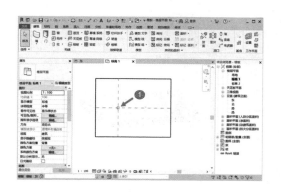

19 ①鼠标放在两个参照平面的交点处，②按 Tab 键三次，单击交点处选中点。

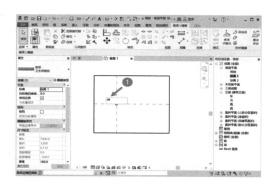

20 ①单击 0，输入－20，按"Enter"结束输入。

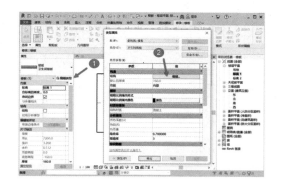

21 编辑楼板类型：①点击"编辑类型"按钮，②点击"编辑"按钮。

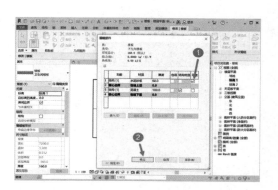

22 ①在可变下面打"√"，②点击"确定"按钮，完成编辑。这样操作楼板底就是平的。

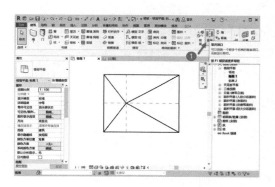

23 布置竖井：①单击"竖井"按钮。

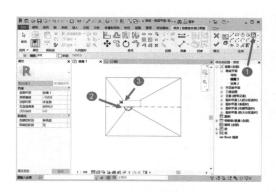

24 ①单击"圆形"按钮，②单击补充点为圆心，③输入半径"30"，按"Enter"结束命令。

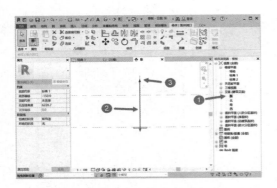

25 编辑竖井：①在项目浏览器中双击"视图"→"立面"→"东"选项，②单击"竖井洞口：洞口截面"，③单击"竖井洞口：洞口截面：造型控制柄"按住鼠标进行调整。

26 ①单击"默认三维视图"查看三维模型。

屋 顶

按照下图平、立面绘制屋顶，屋顶板厚均为400，其他建模所需尺寸可参考平、立面图自定。结果以"屋面"为文件名保存在学生文件夹中。

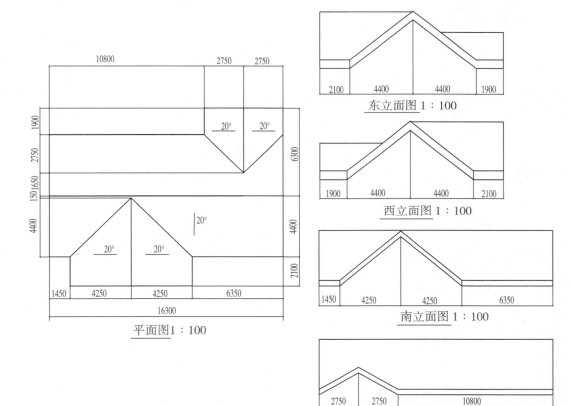

平面图1∶100

东立面图1∶100

西立面图1∶100

南立面图1∶100

北立面图1∶100

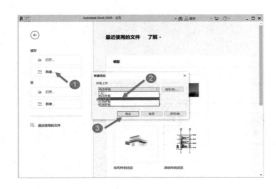

1 打开 Revit2020 软件，①在首页上点击"新建…"，②选择"建筑样板"，③点击"确定"。

2 绘制屋顶：①单击"建筑"选项卡，②单击"屋顶"右侧▼按钮，③单击"迹线屋顶"。

3 ①点击"是"按钮。

4 ①单击"绘制▼"按钮，②单击"边界线"按钮，③单击"线"按钮。

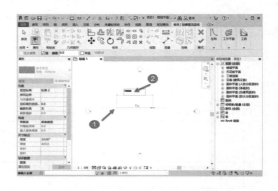

5 ①在绘图区域单击任一点为第一点，②鼠标向右拖动，输入"10800"，按 Enter 结束输入。

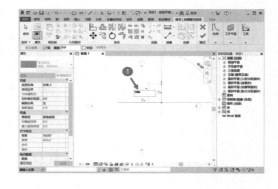

6 ①鼠标向上拖动，输入"1900"，按 Enter 结束输入。

7 ①鼠标向右拖动，输入 5500，按 Enter 结束输入。

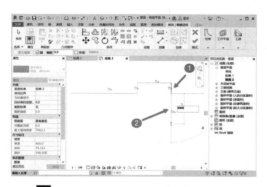

8 ①鼠标向下拖动，输入 1900，按 Enter 结束输入，②鼠标向下拖动，输入 8800，按 Enter 结束输入。

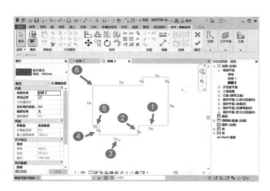

9 ①鼠标向左拖动，输入 6350，按 Enter 完成输入，②鼠标向下拖动，输入 2100，按 Enter 完成输入，③鼠标向左拖动，输入 8500，按 Enter 完成输入，④鼠标向上拖动，输入 2100，按 Enter

完成输入，⑤鼠标向左拖动，输入 1450，按 Enter 完成输入，⑥单击起点，按 Esc 退出绘制命令。

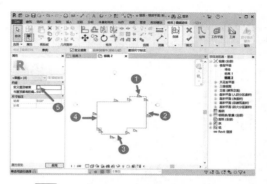

10 ①单击选中该边界线，②按住 Ctrl 键，单击选中该边界线，③按住 Ctrl 键，单击选中该边界线，④按住 Ctrl 键，单击选中该边界线，⑤将"√"勾除。

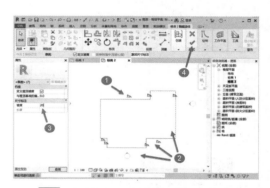

11 ①单击选中该边界线，②按住 Ctrl 键，选中其余的坡度，③将 30 改为 20，④单击"√"完成输入。

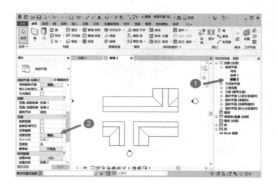

12 ① 在项目浏览器中双击"视图"→"楼层平面"→"标高 2"选项，② 单击视图范围"编辑"按钮。

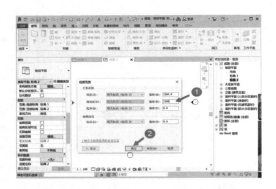

13 ① 将剖切面：偏移改成"2300"，② 单击"确定"。

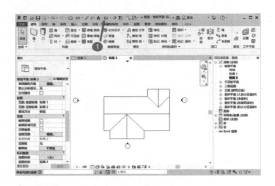

14 ① 单击"默认三维视图"图标，查看三维模型。

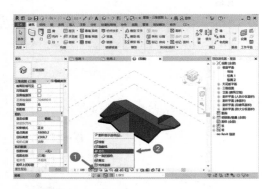

15 ① 单击视觉样式，② 单击"着色"，查看三维模型。

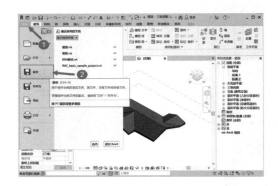

16 ① 单击"文件"选项卡，② 单击"保存"。

17 ① 在桌面文件夹下单击"鼠标右键"，② 单击"新建"，③ 单击"文件夹"。

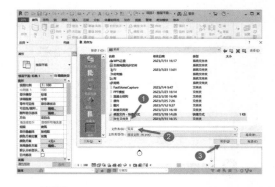

18 ① 将文件夹名称改为"学生文件夹"，② 将文件名改为"屋面"，③ 单击"保存"，完成操作。

项目8
混凝土梁

根据如下混凝土梁平法标注,建立混凝土梁模型,梁两端900mm长度内为箍筋加密区,将模型以"混凝土梁"为文件名保存。

KL8 200×600 表示第8号框架梁,截面宽度为200mm,截面高度为600mm。

φ6@100/160 (2) 表示箍筋为HPB300钢筋,直径为6mm,梁两端900mm长度内加密区间距为100mm,非加密区间距为160mm,双肢箍。

2φ18;2φ16表示梁的上部通长筋为2根直径18mm的HRB335钢筋,梁的下部通长筋为2根直径16mm的HRB335钢筋。

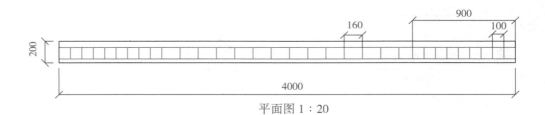

平面图1:20

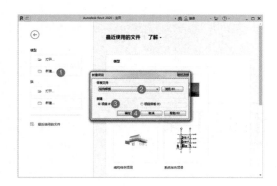

1 打开 Revit2020 软件，①在首页上点击"新建…"，②选择"构造样板"，③新建"项目"，④点击"确定"。

2 ①点击"结构"选项卡下的"梁"，②点击"编辑类型"，③在弹出的"类型属性"窗口上点击"载入…"。

3 在弹出的"打开"窗口上，依次点击"结构""框架""混凝土"。

4 选择"混凝土—矩形梁"，点击"打开"。

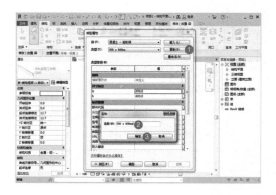

5 ①点击"复制…"，②在弹出的"名称"窗口中输入"KL8 200×600"，③点击"确定"。

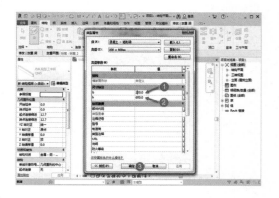

6 ①修改"尺寸标注"中的 b 为 200，②h 为 600，③点击"确定"。

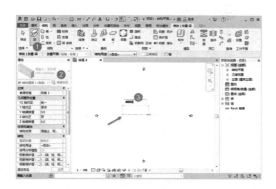

7 ①在标高 2 平面视图中，选择梁进入"修改丨放置梁"，②"混凝土—矩形梁"，③在绘图区域单击一点作为起点，输入长度 4000 后按"回车键"完成绘制，按"ESC"键退出绘制模式。

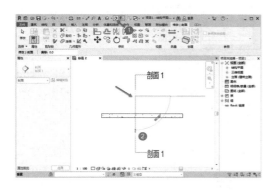

8 ①点击"快速访问工具栏"中的"剖面"，②在梁上方需要创建剖面的位置单击，创建"剖面 1—1"。

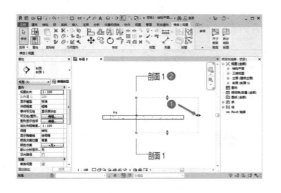

9 ①通过"拖拽"调整视图范围，②双击蓝色文字"剖面 1"进入剖面视图。

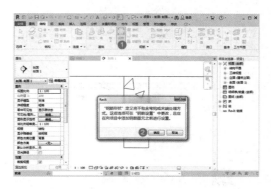

10 ①单击"结构"选项卡下方的"钢筋"，②在弹出的窗口单击"确定"。

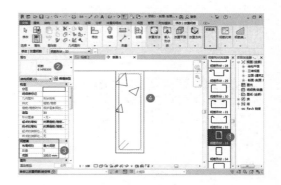

11 ①在"钢筋形状浏览器"中，选择"钢筋形状：33"，②选择"6 HPB300"钢筋，③在"钢筋集"中设置"布局规则"为"最大间距"，"间距"为"100mm"。④如图所示时单击放置箍筋。

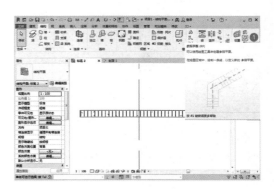

12 ①选择"参照平面"。

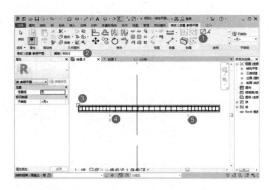

13 ①选择"修改 | 放置参照平面"绘制下的"线",②输入"偏移"值900,③在梁的一端选择端点单击,选择下一端点再次单击,④得到参照平面。⑤同样的方法绘制另一参照平面,如果方向相反,按"空格键"调整。

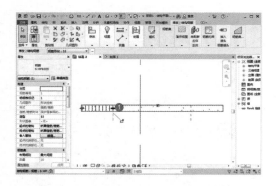

14 ①选择钢筋,拖动控制柄至左侧参照平面。

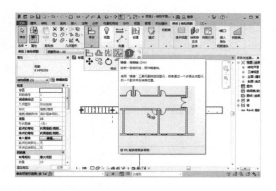

15 ①单击"修改 | 结构钢筋"选项卡下"修改"命令中的"镜像—绘制轴"命令。

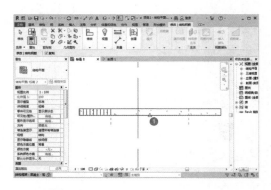

16 ①单击矩形梁中点,再单击另一中点。

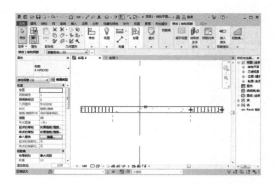

17 镜像后的钢筋如图所示。

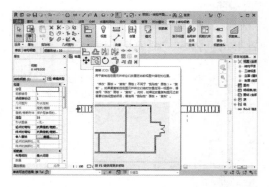

18 ①单击"修改 | 结构钢筋"选项卡下"修改"命令中的"复制"命令。

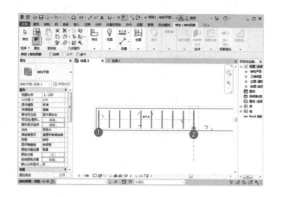

19 ①选择端部钢筋端点，②移动至左侧参照平面。

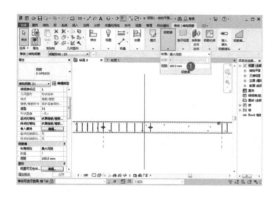

20 ①选择复制的中部钢筋，设置"间距"为"160mm"。

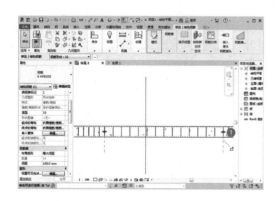

21 ①选择钢筋，拖动控制柄至右侧参照平面。

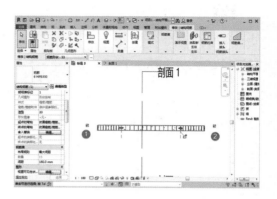

22 ①取消勾选"显示最后一栏"，②取消勾选"显示第一栏"，参照平面处的重合钢筋不再显示。

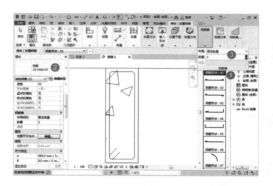

23 ①点击"剖面1"进入剖面视图，在"钢筋形状浏览器"中，选择"钢筋形状：1"，②选择"18 HRB335"钢筋，③在"钢筋集"中设置"布局规则"为"固定数量"，"数量"为"2"。

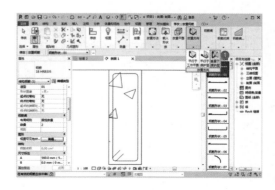

24 ①单击"放置方向"下的"垂直于保护层"。

25 ①移动鼠标至图中位置,单击放置上部通长筋。

26 ①在"钢筋形状浏览器"中,选择"钢筋形状:1",②选择"16 HRB335"钢筋,③在"钢筋集"中设置"布局规则"为"固定数量","数量"为"2"。移动鼠标至图中位置,单击放置下部通长筋。

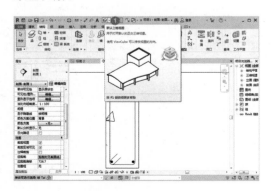

27 ①选择"快速访问工具栏"中的"默认三维识图"。

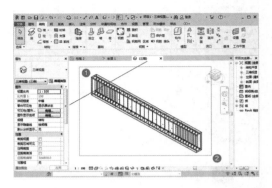

28 ①在"三维视图"中,鼠标单击左上角点,②拖动鼠标至右下角点,选中所有包含的构件。

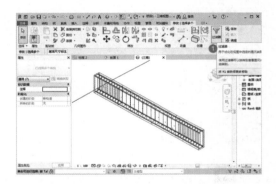

29 ①单击"修改 | 选择多个"选项卡下"过滤器"。

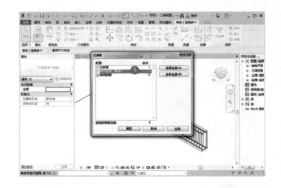

30 ①在弹出的"过滤器"窗口中,单击选项前面的矩形框,只保留"结构钢筋"。

31 ①在左侧"属性"面板中，单击"图形""视图可见性""编辑…"，②在弹出的"钢筋图元视图可见性状态"窗口中，选择"三维视图""{三维}"，③勾选"清晰的视图"和"作为实体查看"。

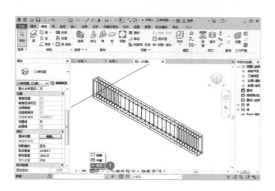

32 ①选择"详细程度：精细"模式。

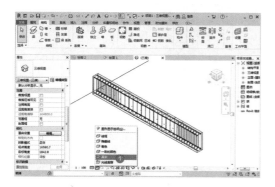

33 ①选择"视觉样式：真实"模式。

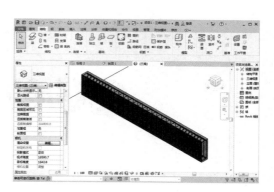

34 创建的梁钢筋实体模型如图所示。

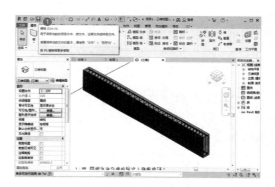

35 ①单击"快速访问工具栏"中的"保存"。

36 ①选择保存位置，②输入"文件名"为"混凝土梁"，③点击"保存"。

项目9
混凝土板

根据如下混凝土板平法标注，建立混凝土板模型并进行配筋，混凝土强度取C25，将模型以"混凝土板"为文件名保存。

LB h = 150 表示楼板，厚度为 150mm。

B：X&Y ϕ8@150 表示下部钢筋 X 向和 Y 向均为 HPB300 钢筋，直径为8mm，间距为 150mm。

T：X ϕ8@200 表示上部钢筋 X 向为 HPB300 钢筋，直径为 8mm，间距为200mm。

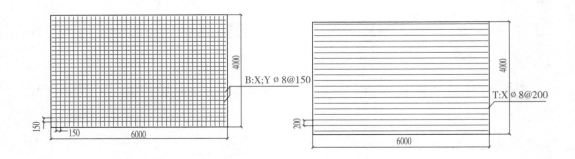

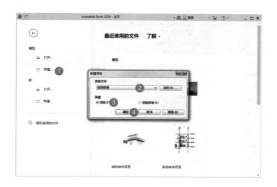

1 打开 Revit2020 软件，①在首页上点击"新建…"，②选择"构造样板"，③新建"项目"，④点击"确定"。

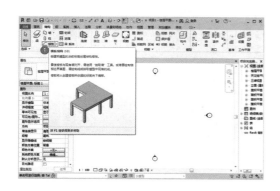

2 ①点击"结构"选项卡下的"楼板"，选择"楼板：结构"。

3 ①点击"编辑类型"，②在弹出的"类型属性"对话框中"类型"选择"常规—150mm"。

4 ①点击"构造"下"结构"后面的"编辑…"。

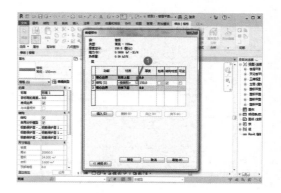

5 ①在弹出的"编辑部件"窗口，点击"结构［1］"的"材质"后面的"…"。

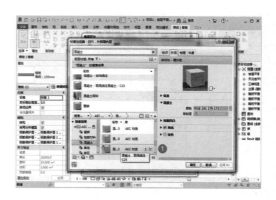

6 ①在弹出的"材质浏览器"中选择"混凝土—现场浇筑—C25"。

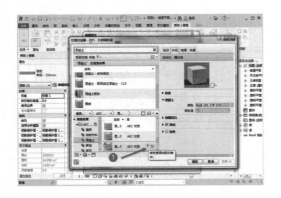

7 ①点击"混凝土—现场浇筑—C25"右侧的向上箭头，将此材质加入项目材质中。

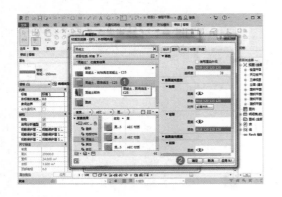

8 ①在上方项目材质中选中"混凝土—现场浇筑—C25"，②点击"确定"。

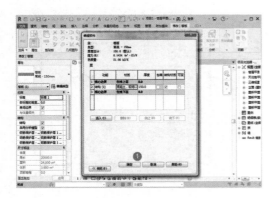

9 ①回到"编辑部件"窗口，点击"确定"。

10 ①回到"类型属性"窗口，点击"确定"。

11 ①进入"修改丨创建楼层边界"，在"绘制"中选中"矩形"。

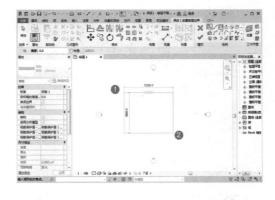

12 ①在绘图区域单击一点作为起点，拖动鼠标至右下角一点单击。

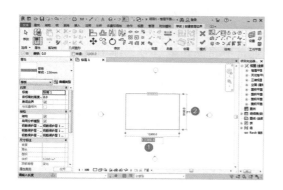

13　①在创建的矩形尺寸数字上单击，修改长度为"6000"，②修改宽度为"4000"。

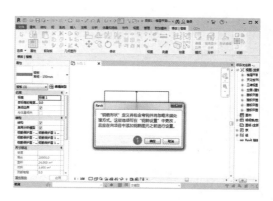

16　①在弹出的对话框上，点击"确定"。

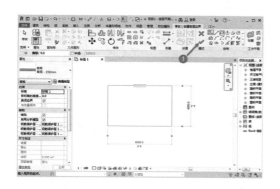

14　①修改尺寸后的矩形如图所示，单击"完成编辑模式"。

17　①在弹出的对话框上，点击"是"。

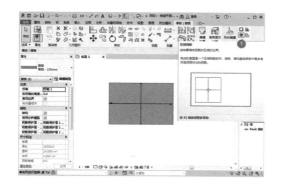

15　①在"修改｜楼板"选项卡下，选择区域钢筋。

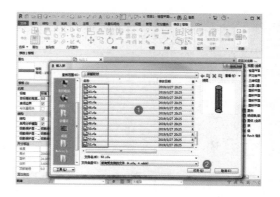

18　①选择全部钢筋形状，点击"打开"。

19 ①"顶部主筋方向"选择框打√，设置"顶部主筋类型"为"8 HPB300"，"顶部主筋间距"为"200mm"。

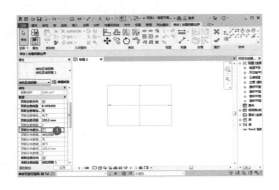

20 ①"顶部分布筋方向"选择框取消勾选。

21 ①"底部主筋方向"选择框打√，设置"底部主筋类型"为"8 HPB300"，"底部主筋间距"为"150mm"。

②"底部分布筋方向"选择框打√，设置"底部分布筋类型"为"8 HPB300"，"底部分布筋间距"为"150mm"。

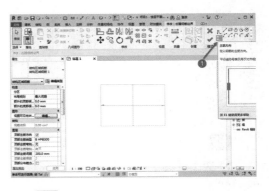

22 ①点击"主筋方向"。

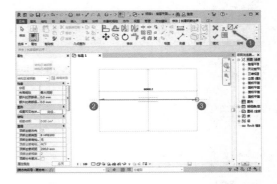

23 ①选择"绘制"中的"线"，②在左侧中点单击，③移动鼠标至右侧中点再次单击。

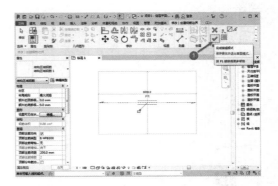

24 ①单击"完成编辑模式"。

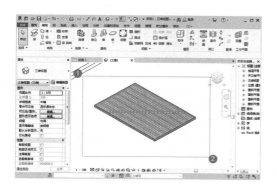

25　①在"三维视图"中，鼠标单击左上角点，②拖动鼠标至右下角点，选中所有包含的构件。

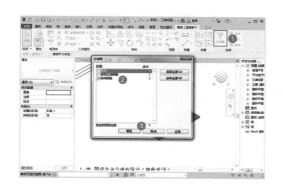

26　①单击"修改 | 选择多个"选项卡下"过滤器"，②在弹出的"过滤器"窗口中，单击选项前面的矩形框，只保留"结构钢筋"，③点击"确定"。

27　①在左侧"属性"面板中，单击"图形""视图可见性""编辑…"，②在弹

出的"钢筋图元视图可见性状态"窗口中，选择"三维视图""{三维}"，③勾选"清晰的视图"和"作为实体查看"。

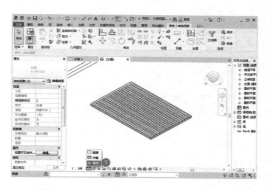

28　①选择"详细程度：精细"模式。

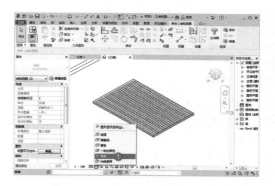

29　①选择"视觉样式：真实"模式。

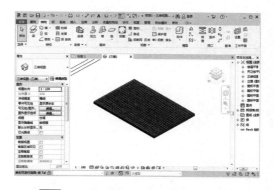

30　创建的板钢筋实体模型如图所示。

31 ①选择保存位置，②输入"文件名"为"混凝土板"，③点击"保存"。

项目⑩

牛 腿 柱

根据给出的投影图和配筋图，创建牛腿柱模型。模型应包含混凝土材质信息和钢筋信息，采用 C25 混凝土并设置合理保护层厚度，将模型以"牛腿柱"为文件名保存。

柱长度为 4500（＝3000＋150＋250＋1100）mm，牛腿斜段高度为 150mm，牛腿高度为 250mm，牛腿宽度为 250mm。牛腿柱下部宽度为 500mm，上部宽度为 400mm，另一边长度为 500mm。

φ8@150 表示箍筋为 HPB300 钢筋，直径为 8mm。

φ20 表示牛腿柱的弯起钢筋为直径 20mm 的 HPB300 钢筋。

Φ16 表示牛腿柱的纵筋为直径 16mm 的 HRB335 钢筋。

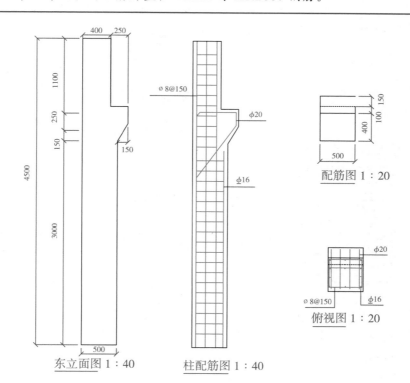

东立面图 1：40   柱配筋图 1：40   配筋图 1：20

俯视图 1：20

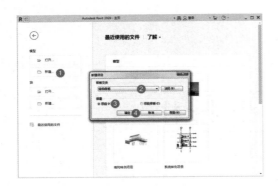

1 打开 Revit2020 软件，①在首页
上点击"新建…"，②选择"构造样板"，
③新建"项目"，④点击"确定"。

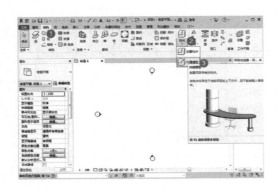

2 ①点击"结构"选项卡，②点击
"构件"下三角展开，③选择"内建
模型"。

3 ①在弹出的"族类别和族参数"
窗口，选择"结构柱"，②点击"确定"。

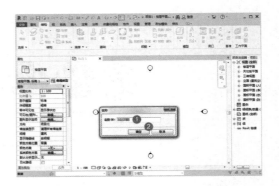

4 ①在弹出的"名称"窗口编辑名
称，②点击"确定"。

5 ①点击"创建"选项卡，②在
"基准"里选择"参照平面"。

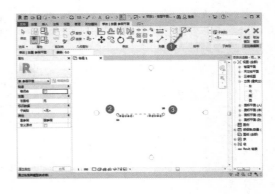

6 ①选择"修改｜放置参照平面"
选项卡下"绘制"的"线"，②在左侧单
击一点，③移动鼠标至右侧一点再次单
击，得到参照平面。

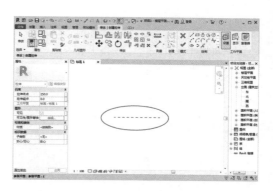

7 ①点击"创建"选项卡，②在"形状"里选择"拉伸"。

10 选择创建的参照平面。

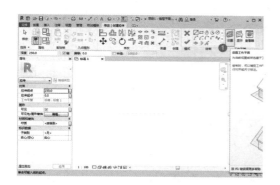

8 ①在"修改 | 创建拉伸"选项卡下"工作平面"中，点击"设置"设置工作平面。

11 ①在弹出的"转到视图"窗口，单击"立面：南"，②点击"打开视图"。

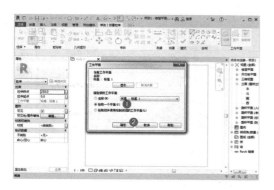

9 ①在弹出的"工作平面"窗口中，选择"拾取一个平面"，②点击"确定"。

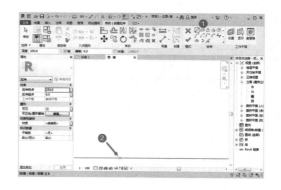

12 ①在"修改 | 创建拉伸"选项卡下"绘制"中选择"线"，②点击图中一点作为起点。

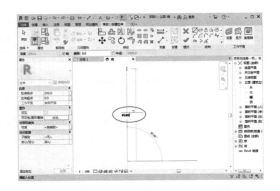

13 鼠标向上移动，保持竖直状态，输入距离值"4500"。

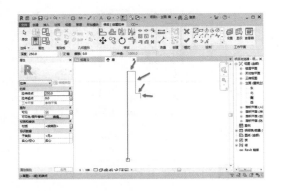

14 依次移动鼠标，向右 400mm，向下 1100mm，向右 250mm，再向下 250mm，完成后按一次"Esc"。

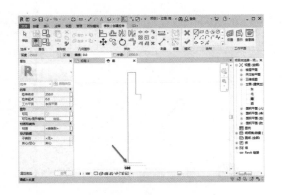

15 选择第一点，向右移动鼠标，输入距离"500"。

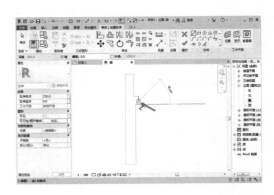

16 再向上 3000mm，选择另一端点，完成轮廓的创建。

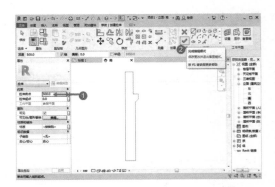

17 ①修改"拉伸终点"数值为"500"，点击"完成编辑模式"。

18 ①单击属性面板中的"材质"，在弹出的"材质浏览器"中搜索"混凝土"，②点击"混凝土"展开，③选择"混凝土—现场浇筑—C25"。

19 ①点击"混凝土—现场浇筑—C25"右侧的向上箭头，将此材质加入项目材质中。

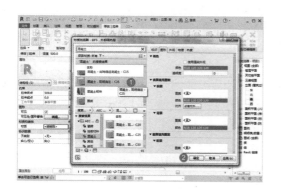

20 ①在上方项目材质中选中"混凝土—现场浇筑—C25"，②点击"确定"。

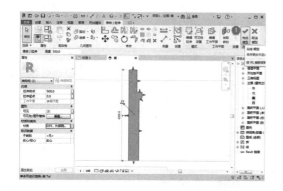

21 ①点击"完成模型"。

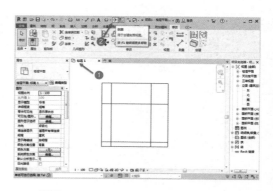

22 ①点击"标高 1"进入楼层平面，②点击"剖面"。

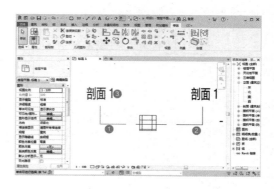

23 ①在牛腿柱需要创建剖面的位置单击，②移动鼠标至右侧再次单击，③双击蓝色文字"剖面 1"进入剖面视图。

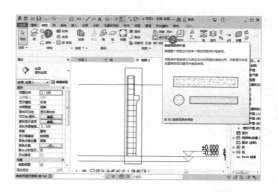

24 ①点击"结构"选项卡，②在"钢筋"中选择"保护层"。

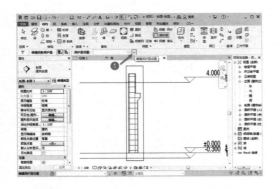

25 ①点击 "…" 编辑保护层设置。

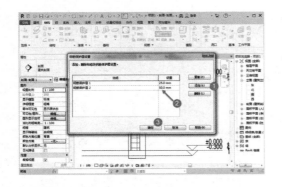

26 ①在弹出的 "钢筋保护层" 设置窗口中，点击添加，②将添加的 "钢筋保护层 2" 设置为 "50mm"，③点击 "确定"。

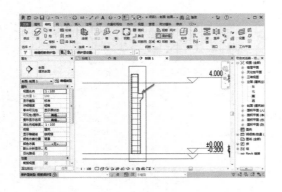

27 鼠标移动至牛腿柱边缘，此时构件亮显，单击选择。

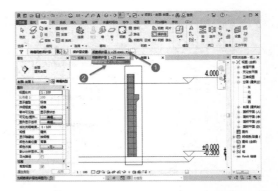

28 ①点击下拉三角箭头，②选择 "钢筋保护层 2＜50mm＞"。

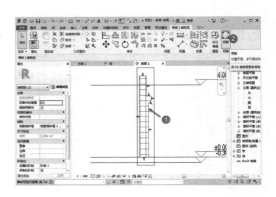

29 ①选择牛腿柱，②单击 "修改 | 结构柱" 选项卡下的 "钢筋"。

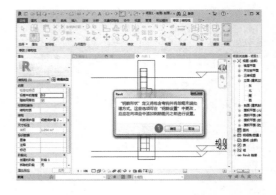

30 ①在弹出的窗口上，点击 "确定"。

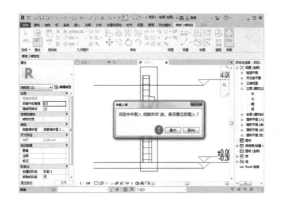

31 ①在弹出的窗口上，点击"是"。

32 依次选择"结构""钢筋形状"。

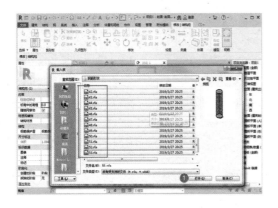

33 ①选择全部钢筋形状，点击"打开"。

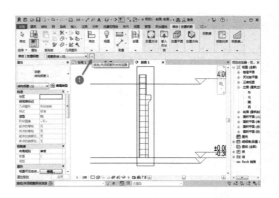

34 ①点击"…"打开钢筋形状浏览器。

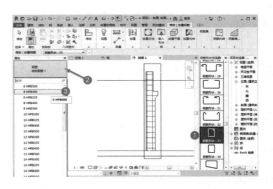

35 ①选择"钢筋形状：33"，②点击"属性面板"下拉三角箭头，③选择"8 HPB300"钢筋。

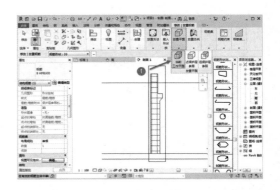

36 ①在"修改│放置钢筋"选项卡下，设置"放置平面"为"当前工作平面"。

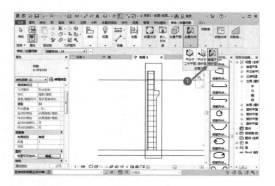

37 ①在"修改 | 放置钢筋"选项卡下,设置"放置方向"为"垂直于保护层"。

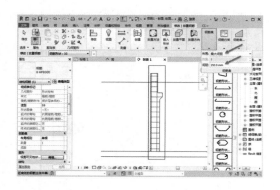

38 在"修改 | 放置钢筋"选项卡下,设置"钢筋集"为"布局:最大间距""间距:150mm"。

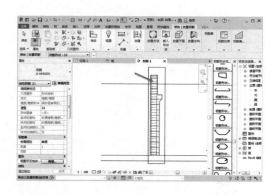

39 移动鼠标至牛腿柱上部某一位置,单击放置箍筋。

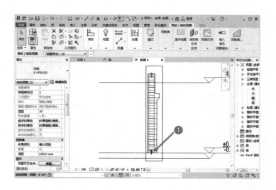

40 ①拖动下面的操纵柄。

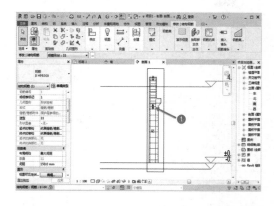

41 ①将下面的操纵柄拖动至图中位置。

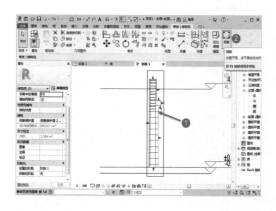

42 ①再次选择牛腿柱,②单击"修改 | 结构柱"选项卡下的"钢筋"。

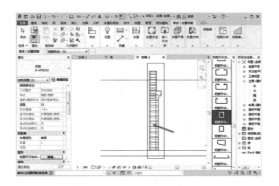

43 移动鼠标至牛腿柱下部某一位置，单击放置箍筋。

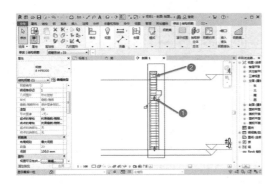

44 ①将上面的操纵柄拖动至图中位置，和上部最下面的箍筋重合。②取消勾选"显示最后一栏"，重合钢筋不再显示。

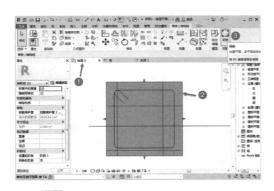

45 ①点击"标高 1"进入楼层平面，②选择牛腿柱，③单击"修改 | 结构柱"选项卡下的"钢筋"。

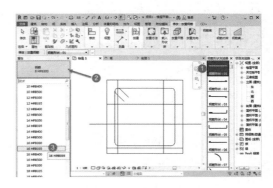

46 ①选择"钢筋形状：01"，②点击"属性面板"下拉三角箭头，③选择"16 HRB335"钢筋。

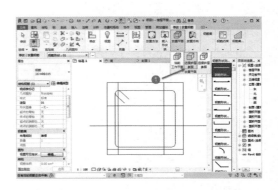

47 ①在"修改 | 放置钢筋"选项卡下，设置"放置平面"为"近保护层参照"。

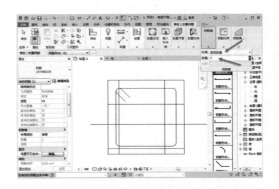

48 在"修改 | 放置钢筋"选项卡下，设置"钢筋集"为"布局：固定数量""数量：3"。

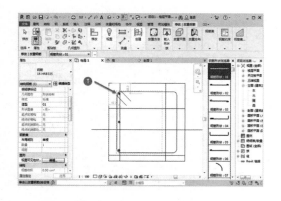

49 ①移动鼠标至图中位置，单击放置纵筋。

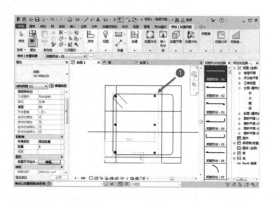

50 ①移动鼠标至图中位置，单击放置纵筋。

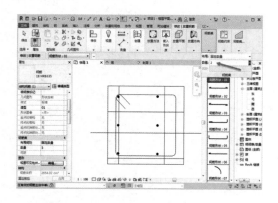

51 在"修改｜放置钢筋"选项卡下，设置"钢筋集"为"布局：固定数量""数量：2"。

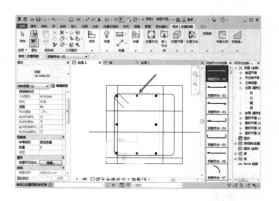

52 ①移动鼠标至图中位置，单击放置纵筋。

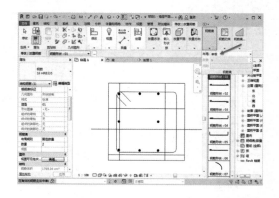

53 在"修改｜放置钢筋"选项卡下，设置"钢筋集"为"布局：单根"。

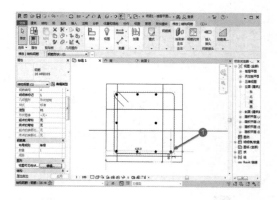

54 ①在右下角位置放置纵筋。

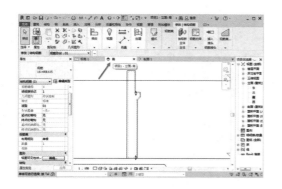

55 单击"南"进入南立面。

56 ①在左侧"属性"面板中，单击"图形""视图可见性""编辑…"，②在弹出的"钢筋图元视图可见性状态"窗口中，选择"立面"，勾选"清晰的视图"，③点击"确定"。

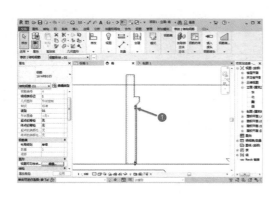

57 ①拖动上面的操纵柄至图中位置。

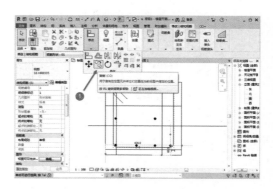

58 ①选择创建的单根钢筋，点击"修改"下的"复制"。

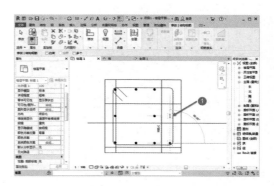

59 ①鼠标移动至图中位置，完成中间纵筋的复制。

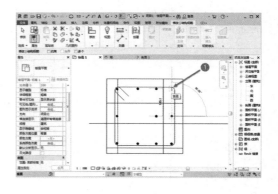

60 ①选择复制的中间纵筋，点击"修改"下的"复制"，移动至图中位置，完成上面纵筋的复制。

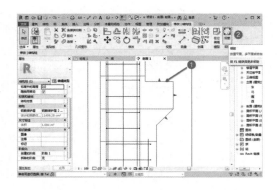

61 ①点击"剖面 1"进入剖面视图，选择牛腿柱，②单击"修改｜结构柱"选项卡下的"钢筋"。

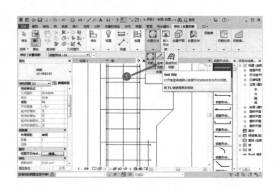

62 ①在"修改｜放置钢筋"选项卡下，点击"放置方法"，选择"绘制钢筋"。

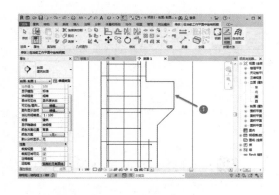

63 ①再次单击牛腿柱进行选中。

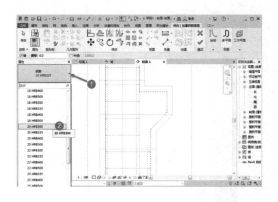

64 ①点击"属性面板"下拉三角箭头，②选择"20 HPB300"钢筋。

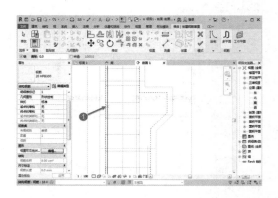

65 ①单击图中一点作为钢筋的起点。

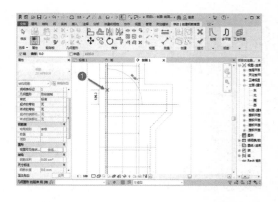

66 ①向上移动鼠标至和保护层虚线平齐时，单击。

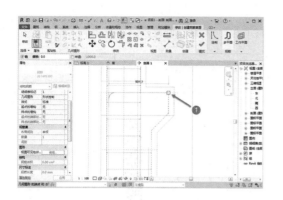

67 ①沿着保护层虚线，向右移动鼠标至端点单击。

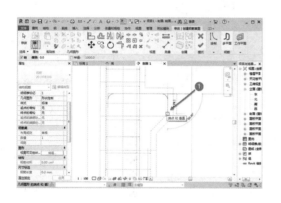

68 ①沿着保护层虚线，向下移动鼠标至端点单击。

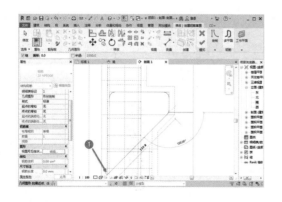

69 ①沿着保护层虚线方向，向左下方移动鼠标至端点单击。

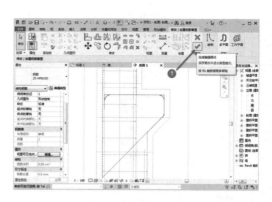

70 ①单击"完成编辑模式"。

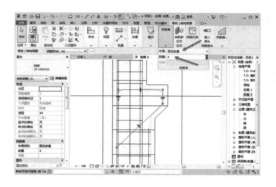

71 在"修改丨放置钢筋"选项卡下，设置"钢筋集"为"布局：固定数量""数量：4"。

72 ①在"三维视图"中，鼠标单击左上角点，②拖动鼠标至右下角点，选中所有包含的构件。

73 ①单击"修改 | 选择多个"选项卡下"过滤器"。

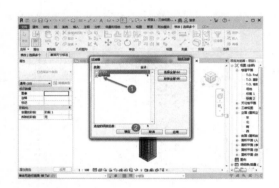

74 ①在弹出的"过滤器"窗口中，单击选项前面的矩形框，只保留"结构钢筋"。

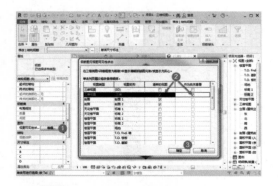

75 ①在左侧"属性"面板中，单击"图形""视图可见性""编辑…"，②在弹出的"钢筋图元视图可见性状态"窗口中，选择"三维视图""｛三维｝"，

勾选"清晰的视图"和"作为实体查看"，③单击"确定"。

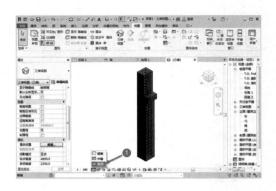

76 ①选择"详细程度：精细"模式。

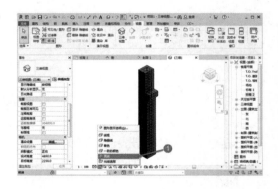

77 ①选择"视觉样式：真实"模式。

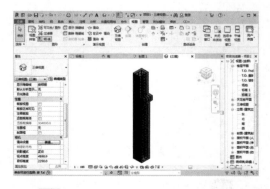

78 创建的牛腿柱钢筋实体模型如图所示。

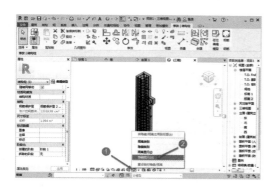

79 ①选择牛腿柱，点击下方的"临时隐藏/隔离"，②选择"隐藏图元（H）"。

81 ①选择保存位置，②输入"文件名"为"牛腿柱"，③点击"保存"。

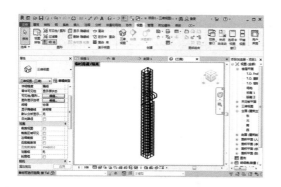

80 隐藏牛腿柱后，钢筋实体模型如图所示。可以通过滚动鼠标滚轮放大和缩小进行查看。

项目 11

工字钢节点

　　根据如下图纸及尺寸,创建工字钢及其节点模型。工字钢的长度及其他未标注尺寸取合理值即可,钢材强度取 Q235,螺栓尺寸自行选择合理值。将模型以"工字钢节点"为文件名保存。

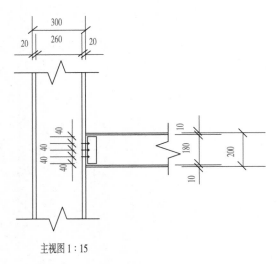

主视图 1 : 15

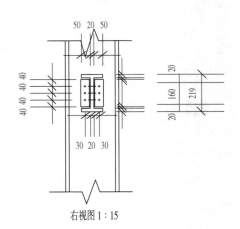

右视图 1 : 15

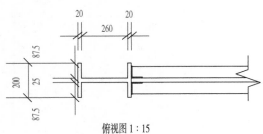

俯视图 1 : 15

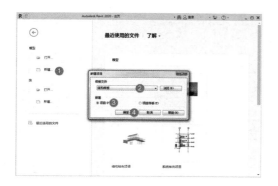

1 打开 Revit2020 软件，①在首页上点击"新建…"，②选择"构造样板"，③新建"项目"，④点击"确定"。

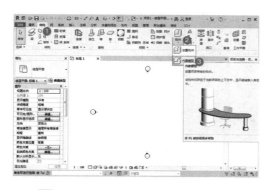

2 ①点击"结构"选项卡，②点击"构件"下三角展开，③选择"内建模型"。

3 ①在弹出的"族类别和族参数"窗口，选择"结构柱"，②点击"确定"。

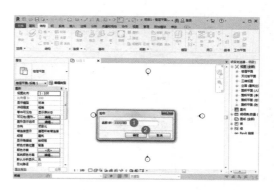

4 ①在弹出的"名称"窗口编辑名称，②点击"确定"。

5 ①点击"创建"选项卡，②在"形状"里选择"拉伸"。

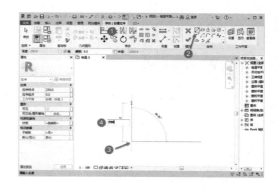

6 ①单击"修改 | 创建拉伸"选项卡，②选择"绘制"的"线"，③在左下方单击一点，④向上移动鼠标，输入距离"200"。

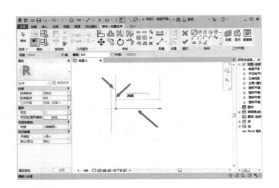

7 依次移动鼠标，向右 20mm，向下 87.5mm，再向右 260mm，完成后按一次"Esc"。

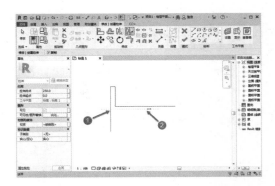

10 ①单击左侧轮廓线的中点（显示三角形符号时），水平向右移动鼠标至右侧一点单击。

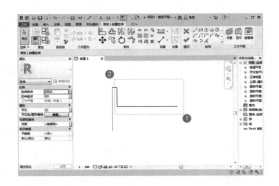

8 ①鼠标单击右下角点，②拖动鼠标至左上角点，选中所有相交的构件（此时为虚线框）。

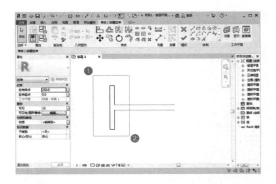

11 ①鼠标单击左上角点，②拖动鼠标至右下角点，选中所有包含的构件。

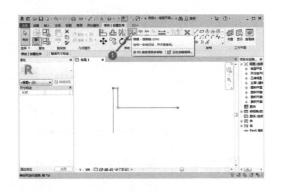

9 ①选择"修改"面板中的"镜像—绘制轴"。

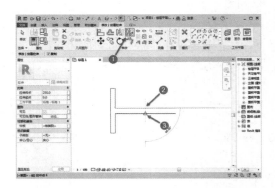

12 ①选择"修改"面板中的"镜像—绘制轴"，②点击上方轮廓线的中点，③移动鼠标至下方轮廓线的中点单击。

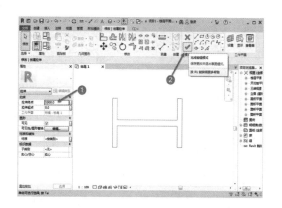

13　①修改"拉伸终点"数值为"1000"，②单击"完成编辑模式"。

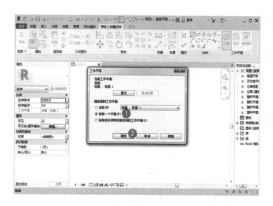

16　①在弹出的"工作平面"窗口中，选择"拾取一个平面"，②点击"确定"。

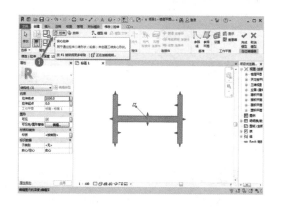

14　①再次选择"形状"面板中的"拉伸"。

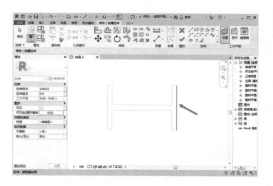

17　选择创建的工字钢结构柱的最右侧线。

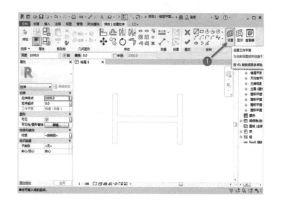

15　①选择"设置"设置工作平面。

18　①在弹出的"转到视图"窗口，单击"立面：东"，②点击"打开视图"。

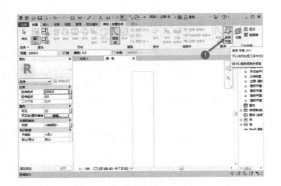

19 ①选择"基准"面板中点的"参照平面"。

22 ①在"修改 | 创建拉伸"选项卡下，选择"线"。

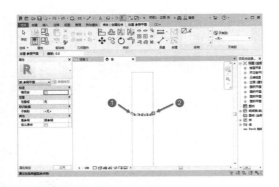

20 ①选择"放置参照平面"选项卡"绘制"面板中的"线"，②在左侧单击一点，③移动鼠标至右侧一点再次单击，得到参照平面。

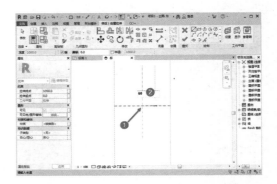

23 ①选择创建的两个参照平面交点作为起点，②向右移动鼠标，输入数值"60"。

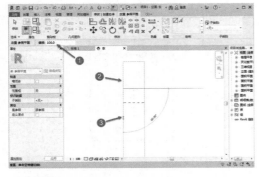

21 ①输入"偏移"值 100，②在图示左轮廓线位置单击一点，③向下移动鼠标再次单击。

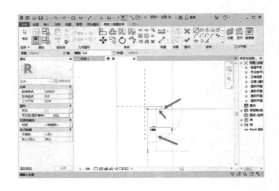

24 依次移动鼠标，向下 10mm，向左 50mm，再向下 180mm，完成后按一次"Esc"。

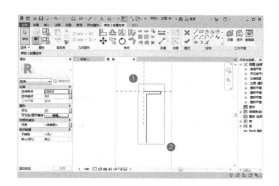

25 ①鼠标单击左上角点，②拖动鼠标至右下角点，选中所有包含的构件。

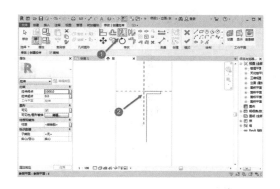

26 ①选择"镜像—拾取轴"，②鼠标移至创建的参照平面单击。

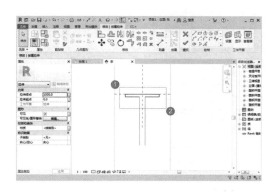

27 ①鼠标单击左上角点，②拖动鼠标至右下角点，选中所有包含的构件。

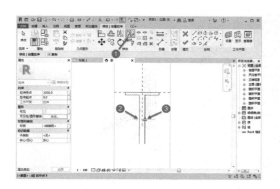

28 ①选择"修改"面板中的"镜像—绘制轴"，②点击左侧轮廓线的中点，③移动鼠标至右侧轮廓线的中点单击。

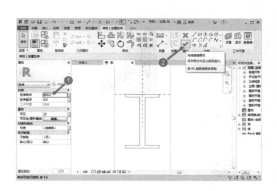

29 ①修改"拉伸终点"数值为"600"，②单击"完成编辑模式"。

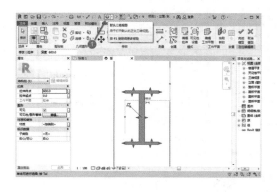

30 ①单击"快速访问工具栏"中的"默认三维视图"。

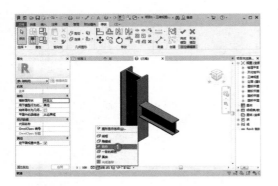

31 ① 选择 "视觉样式：真实" 模式。

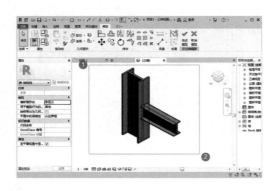

32 ① 在 "三维视图" 中，鼠标单击左上角点，② 拖动鼠标至右下角点，选中所有包含的构件。

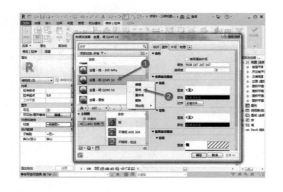

33 ① 在 "项目材质" 中找到钢，此处选择 "金属-钢 Q345 16"，鼠标右键选择复制。

34 ① 鼠标右键选择重命名，命名为 "金属-钢 Q235"，② 点击 "确定"。

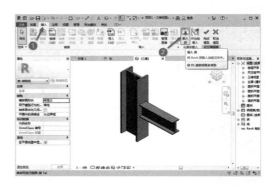

35 ① 点击 "插入" 选项卡，② 点击 "载入族"。

36 ① 在弹出的窗口中，依次选择 "结构""结构连接""钢""双角钢连接-螺栓 _ 接合"，② 点击 "打开"。

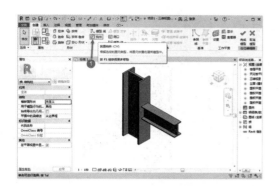

37 ①在"创建"选项卡下，选择"构件"。

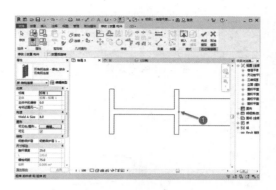

40 ①在如图所示中点位置单击放置。

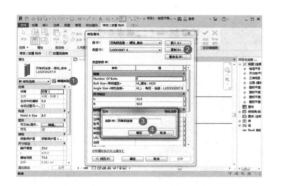

38 ①点击编辑类型，②点击"复制…"，②在弹出的"名称"窗口中输入"双角钢连接"，③点击"确定"。

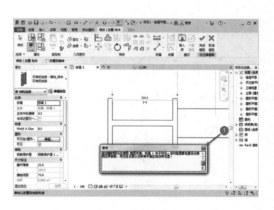

41 ①关闭弹出的警告窗口。

39 修改以上值为"3"，"M_螺栓：M12"，"M_L-角钢-连接：L51×51×3.2"，完成后单击"确定"。

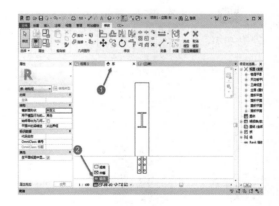

42 ①单击"东"进入东立面，②选择"详细程度：精细"模式，此时可以看见创建的双角钢连接。

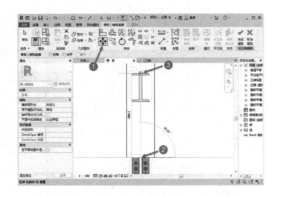

43 ①单击"移动",②点击双角钢连接的中点,③向上移动鼠标至参照平面的交点单击。

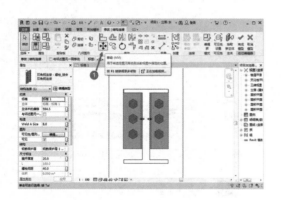

44 ①再次单击"移动",向下移动 20mm。

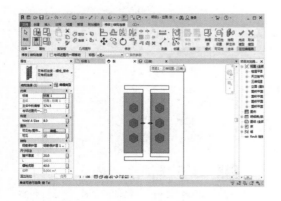

45 移动后的位置如图所示。

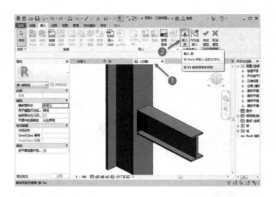

46 ①点击"{三维}"进入三维视图,②点击"载入族"。

47 ①在弹出的窗口中,依次选择"结构""结构连接""钢""高强度大六角头螺栓",②点击"打开"。

48 ① 在弹出的窗口,单击"确定"。

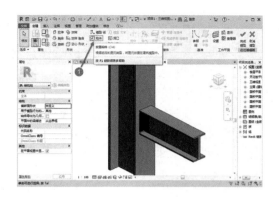

49　①点击"放置构件"。

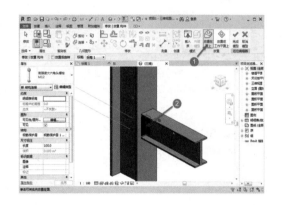

50　①选择"放置在面上",②鼠标移动图中位置单击放置。

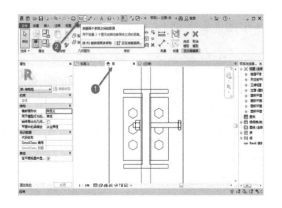

51　①点击"东"进入东立面,②点击"快速访问工具栏"测量工具。

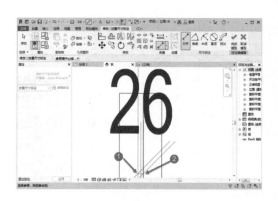

52　①移动鼠标至图中轮廓线单击,②移动鼠标至图中另一轮廓线单击。测得距离为 26mm。

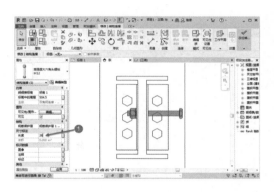

53　①设置"长度"为"26"。

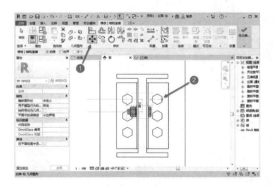

54　①保持螺栓选中状态,选择"移动",②移动鼠标至与上方螺栓中心水平位置单击。

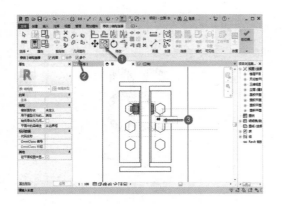

55 ①选择"复制",②勾选"约束"和"多个",③向下移动鼠标,输入距离"40"。

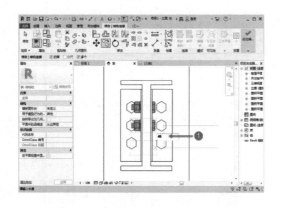

56 ①再次输入距离"40"。

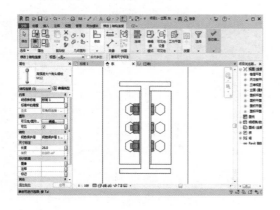

57 复制完成后如图所示。

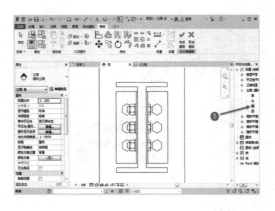

58 ①展开"项目浏览器"中"立面",双击"南"进入南立面。

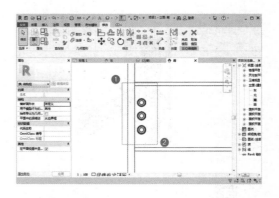

59 ①在"三维视图"中,鼠标单击左上角点,②拖动鼠标至右下角点,选中所有包含的构件。

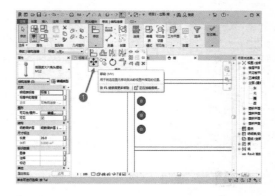

60 ①选择"移动"。

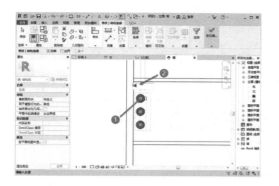

61 ①单击螺栓中点，②向右移动鼠标，输入距离"10"。

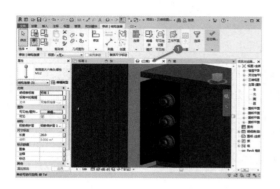

62 ①点击"{三维}"进入三维视图，此时可以看到移动后的螺栓与柱的螺栓位置错开。

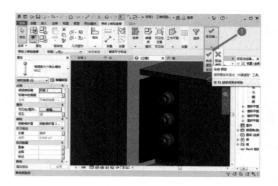

63 ①单击"在位编辑"下的"完成模型"。

64 ①选择保存位置，②输入"文件名"为"工字钢节点"，③点击"保存"。

项目⑫

小别墅综合建模

根据要求及图纸给定的参数，建立如图所示的"小别墅"模型。

（1）布置墙体、楼板、屋面

① 建立墙体模型

"外墙—240—红砖"，结构厚200mm，材质"砖，普通，红色"，外侧装饰面层材质瓷砖，机制"，厚度20mm；内侧装饰面层材质"涂料，米色"，厚度20mm；"内墙—200—加气块"结构厚200mm，材质"混凝土砌块"。

② 建立各层楼板和屋面模型

A）"楼板—150—混凝土"，结构厚150mm，材质"混凝土，现场浇注—C30"，顶部均与各层标高平齐；

B）"屋面—200—混凝土"，结构厚200mm，材质"混凝土，现场浇注—C30"，各坡面坡度均为30度，边界与外墙外边缘平齐。

（2）布置门窗

① 按平、立面图要求，精确布置外墙门窗，内墙门窗位置合理布置即可，不需要精确布置。

② 门窗要求

M1527：双扇推拉门—带亮窗，规格：宽1500mm，高2700mm；

M1521：双扇推拉门，规格：宽1500mm，高2100mm；

M0921：单扇平开门，规格：宽900mm，高2100mm；

JLM3024：水平卷帘门，规格：宽3000mm，高2400mm；

C2425：组合窗双层三列—上部双窗，宽2400mm，高2500mm，窗台高度500mm；

C2626：单扇平开窗，宽2600mm，高2600mm，窗台高度600mm；

C1515：固定窗，宽1500mm，高1500mm，窗台高度800mm；

C4533：凸窗—双层两列，窗台外挑140mm，宽4500mm，高3300mm，框

架宽度50mm，框架厚度80mm，上部窗扇宽度600mm，窗台外挑宽度840mm，首层窗台高度600mm，二层窗台高度30mm。

（3）布置楼梯、栏杆扶手、坡道

① 按平、立面要求布置楼梯，采用系统自带构件，名称为"整体现浇楼梯"，并设置最大踢面高度175mm，最小踏板深度280mm，梯段宽度1305mm；

② 楼梯栏杆：栏杆扶手900mm；

③ 露台栏杆：玻璃嵌板—底部填充，高度900mm；

④ 坡道：按图示尺寸建立。

Revit建模流程：首先创建标高、轴网，然后创建墙体、门窗、楼板、屋顶、楼梯、坡道、栏杆扶手等。

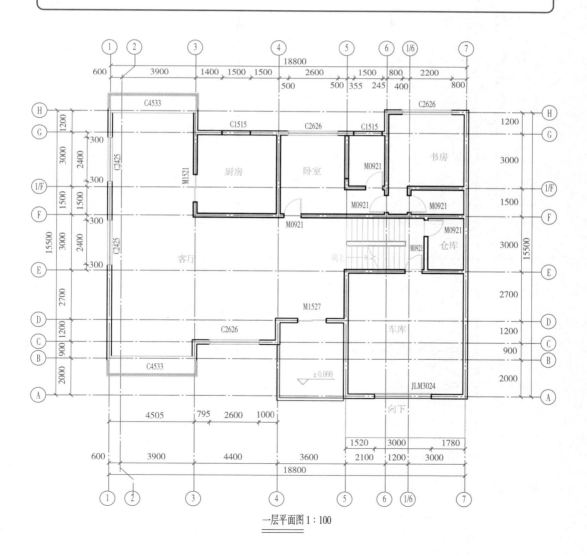

一层平面图1:100

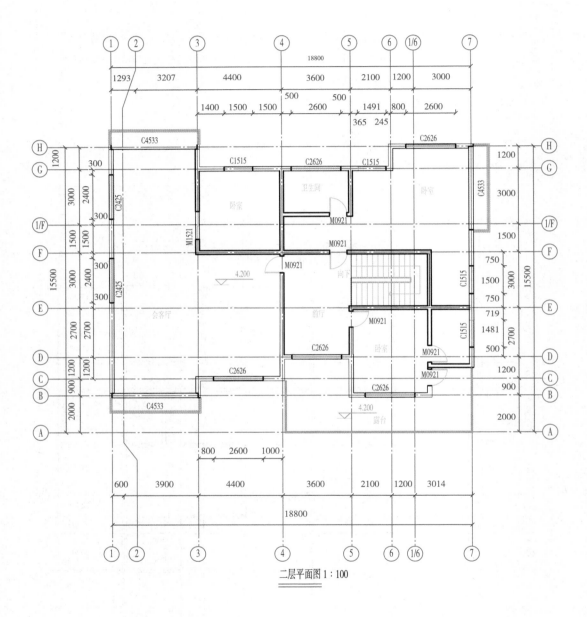

二层平面图 1：100

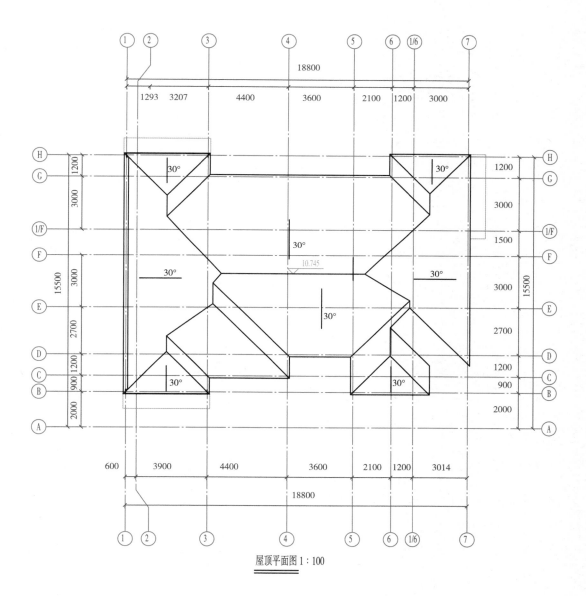

屋顶平面图 1:100

10.745

7.500 屋顶

4.800
4.230
5.100
4.200 F2

0.600
0.600
±0.000 F1
±0.000
-0.300 地面标高

① ③ ⑦

南立面图1:100

7.500 屋顶

4.800
5.000
4.230
4.200 F2

0.600
0.600
±0.000 F1
-0.300 地面标高

⑦ ①

北立面图1:100

10.745

7.500 屋顶

5.000
4.230
4.200 F2

±0.000 F1
-0.300 地面标高

Ⓐ Ⓗ

东立面图1:100

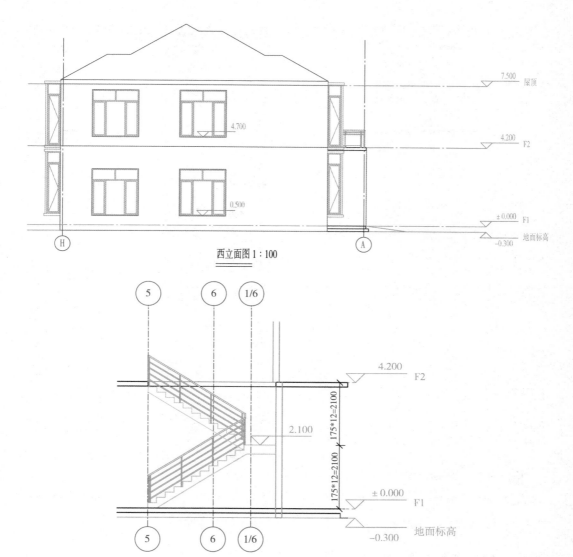

西立面图 1∶100

楼梯剖面图 1∶100

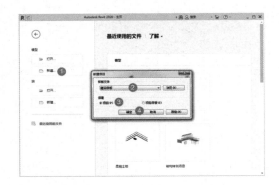

1 打开 Revit2020 软件，①在首页上点击"新建…"，②选择"建筑样板"，③新建"项目"，④点击"确定"。

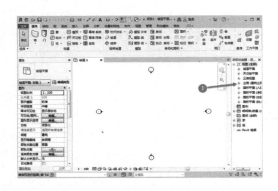

2 创建与修改标高。①点击"立面（建筑立面）"前面的"＋"号将立面展开。

3 ①双击"南"立面进入南立面视图。

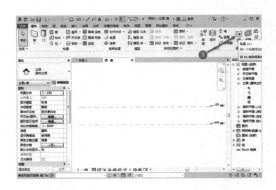

4 ①单击"建筑"选项卡下"基准"面板的"标高"。

5 ①移动鼠标至左侧，对齐时会显示虚线，单击确定第一点，②移动鼠标至另一端点，再次单击完成标高绘制，按键盘上【Esc】键两次退出标高绘制命令。

6 ①在"属性"面板，选择"标

高：下标头"，②移动鼠标至左侧，对齐
时会显示虚线，单击确定第一点，③移
动鼠标至另一端点，再次单击完成标高
绘制，按键盘上【Esc】键两次退出标高
绘制命令。

9 ①选中地面标高，点击标高数
字，修改数值为"－0.3"。

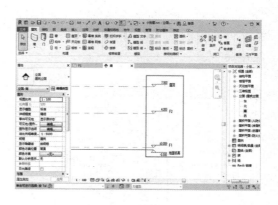

10 ①采用相同的方法，修改其余
标高的名称和数值。

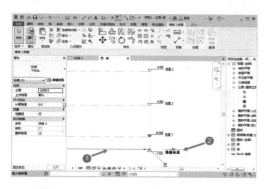

7 ①选中标高 4，②单击"标高 4"，
修改名称为"地面标高"。

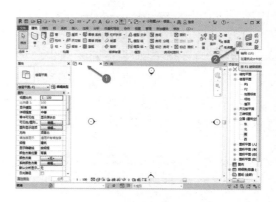

11 创建与修改轴网。①在"F1"
楼层平面中，"建筑"选项卡下"基准"
面板的"轴网"。

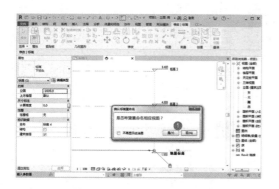

8 ①在弹出的"确认标高重命名"
窗口，点击"是"。

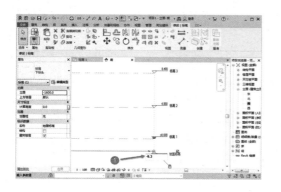

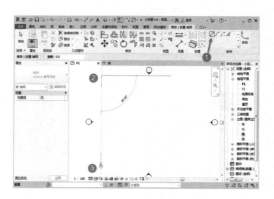

12 ①选择"绘制"面板中"直线"，②在上方适合位置单击，③移动鼠标至下方再次单击，完成第一根轴线的绘制。按键盘上【Esc】键两次退出轴线绘制命令。

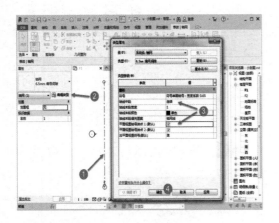

13 ①选择"轴网 1"，②点击"编辑类型"，③修改"轴线中段"为"连续"，勾选"平面视图轴号端点 1（默认）"复选框，④点击"确定"。

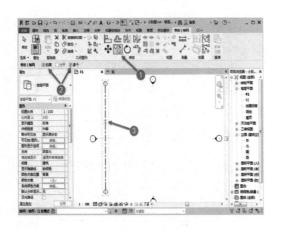

14 ①选中"轴网 1"，选中"复制"，②勾选"约束"和"多个"复选框，③鼠标移动至轴线上，单击确定起始位置。

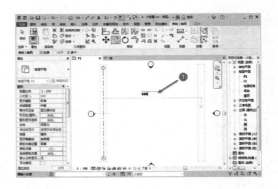

15 ①向右移动鼠标，依次输入"600""3900""4400""3600""2100""1200""3000"完成创建。

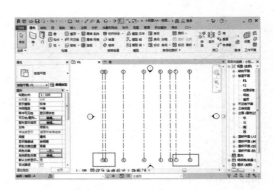

16 完成后的竖向轴线如图所示。

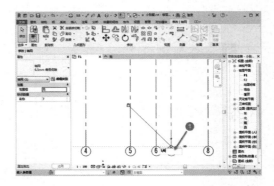

17 ①选中需要修改编号的轴线，点击圆内的数字，将"7""8"分别改为"1/6""7"。

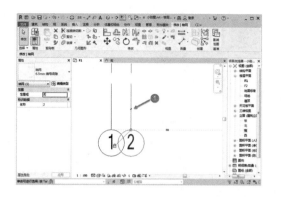

18 ①选中"轴网 2"，点击折弯符号。

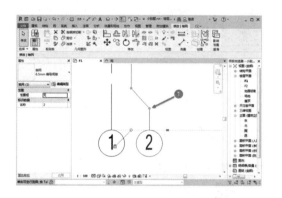

19 ①拖拽控制点调整"轴网 2"的圆位置。

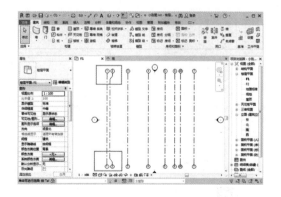

20 ①采用同样的方法，调整上方的轴线。

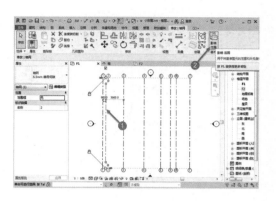

21 ①选中"轴网 2"，②单击"影响范围"。

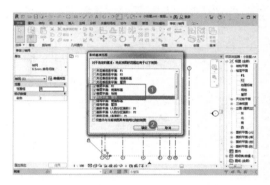

22 ①勾选其他楼层平面，将其他楼层平面的轴线调整为与 F1 楼层平面相同，②单击"确定"。

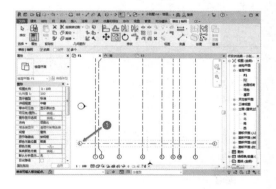

23 ①创建横向轴线，并修改名称为"A"。

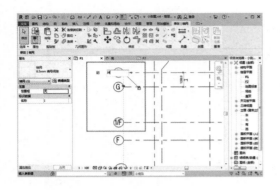

24 ①通过"复制",创建其余横向轴线并修改名称。

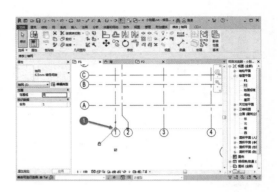

27 ①选中"轴网 1",此时显示对其的虚线,选中圆圈向下拖动。

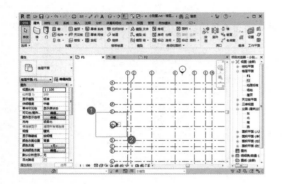

25 ①鼠标单击左上角点,②拖动鼠标至右下角点,选中所有包含的图元。

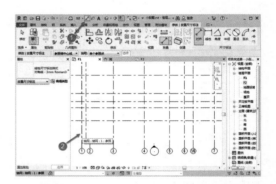

28 标注尺寸。①在"快速访问工具栏"中,选择"对其尺寸标注",②鼠标移至"轴网 1"亮显时单击。

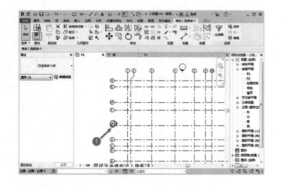

26 ①鼠标移动至立面符号时,显示移动符号,按住鼠标左键向左移动至合适位置。

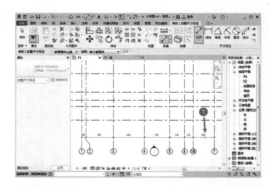

29 ①依次单击其余竖向轴线,选择完成后,鼠标移至合适位置,单击放置。

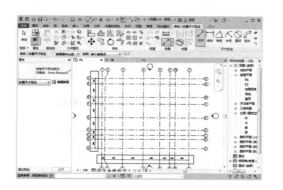

30 可以通过标注的尺寸，验证创建的轴网位置是否正确。

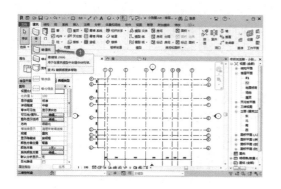

31 创建一层外墙。①在 F1 楼层平面，单击"建筑"选项卡"构建"面板中"墙"下拉箭头，选择"墙：建筑"。

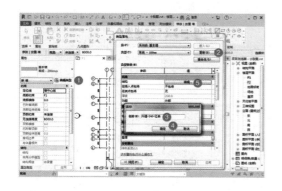

32 ①点击"编辑类型"，②在弹出的"类型属性"窗口，单击"复制"，

③在弹出的"名称"窗口，修改名称为"外墙 - 240 - 红砖"，④点击"确定"，⑤点击"编辑…"。

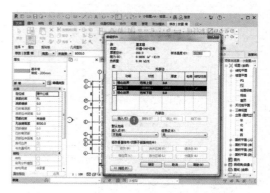

33 ①在弹出的"编辑部件"窗口，单击"插入"两次。

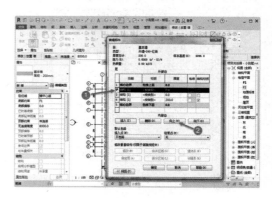

34 ①鼠标移至层 2，显示黑色向右箭头，单击选择，②点击"向上"。

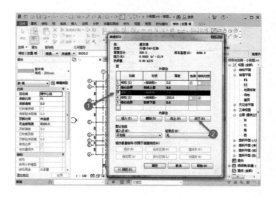

35 ①鼠标移至层 3，显示黑色向右箭头，单击选择，②点击"向下"两次。

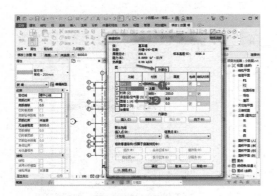

36 ①点击层 1"功能"下拉列表，②选择"面层 1〔4〕"。

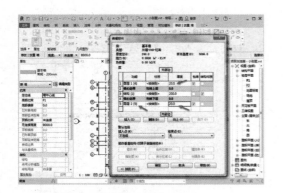

37 修改层 5 的"功能"为"面层 2〔5〕"，厚度均为"20"。

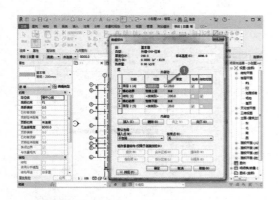

38 ①点击层 1"材质"后的"…"。

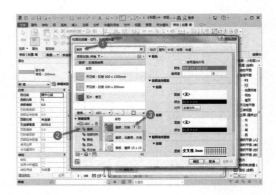

39 ①在弹出的"材质浏览器"中，搜索"瓷砖"，②在下方的材质库中点击"瓷砖"，③点击"瓷砖，机制"右侧的向上箭头，将此材质加入项目材质中。

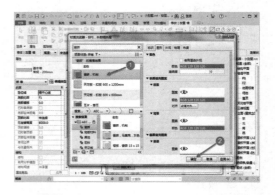

40 ①在"项目材质库"选择添加的"瓷砖，机制"，②点击"确定"。

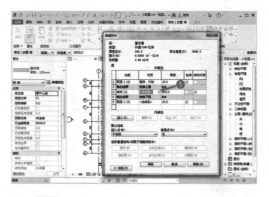

41 ①点击层 3"材质"后的"…"。

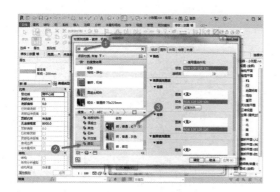

42 ①在弹出的"材质浏览器"中，搜索"砖"，②在下方的材质库中点击"砖石"，③点击"砖，普通，红色"右侧的向上箭头，将此材质加入项目材质中。

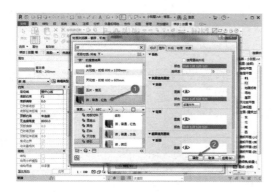

43 ①在"项目材质库"选择添加的"砖，普通，红色"，②点击"确定"。

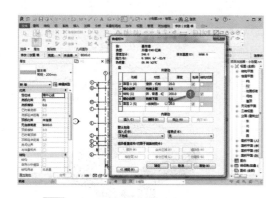

44 ①点击层5"材质"后的"…"。

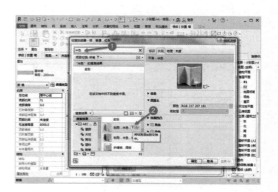

45 ①在弹出的"材质浏览器"中，搜索"米色"，②点击"粉刷，米色，平滑"右侧的向上箭头，将此材质加入项目材质中。

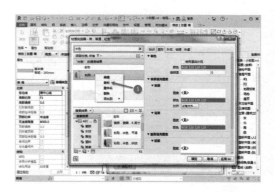

46 ①在"项目材质库"中，点击"粉刷，米色，平滑"，鼠标右键，选择"复制"。

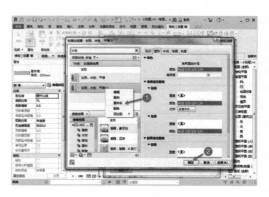

47 ①在"项目材质库"中，选择

复制的材质，"重命名"为"涂料，米色"，②点击"确定"。

线交点的位置，Revit 会自动捕捉端点，单击此端点作为墙的起点。

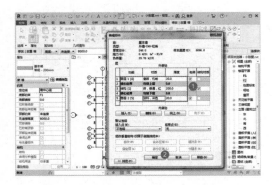

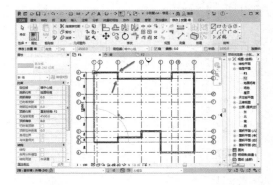

48 ①检查"功能""材质"和"厚度"，②点击"确定"。

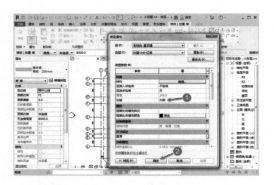

49 ①设置"功能"为"外部"，②点击"确定"。

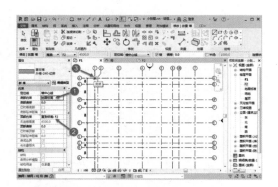

50 ①调整"底部约束"为"地面标高"，②"顶部约束"为"直到标高：F2"，③移动鼠标指针至 H 轴线和 1 号轴

51 沿着 H 轴线水平向右移动鼠标指针，直到捕捉至 H 轴线与 3 号轴线交点位置，单击确认第一面墙的终点。再按照图纸的位置，完成一层所有的外墙。

注意：顺时针绘制，可以保证外墙外部边在外侧。

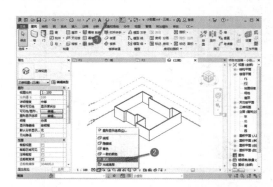

52 ①点击"默认三维视图"，②选择"视觉样式：真实"模式。

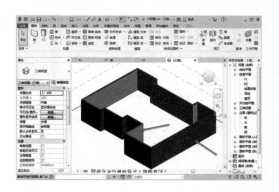

53 一层外墙如图所示，可以看到内外是正确的。若相反，可选择墙体，按"空格键"调整。

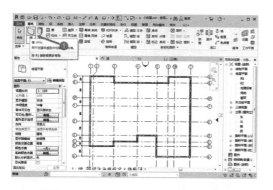

54 创建一层内墙。①在 F1 楼层平面，选择"建筑"选项卡下"墙"，此时为建筑墙。

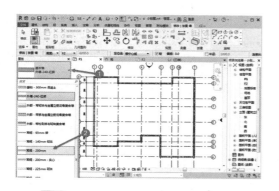

55 ①点击"属性"面板下拉箭头，选择"常规—200mm"。

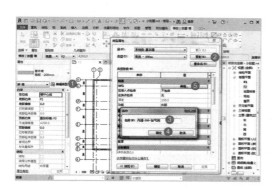

56 ①点击"编辑类型"，②在弹出的"类型属性"窗口，单击"复制"，③在弹出的"名称"窗口，修改名称为"内墙- 200 -加气块"，④点击"确定"，⑤点击"编辑…"。

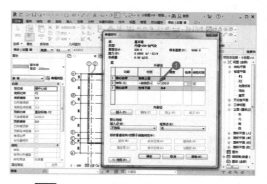

57 ①在弹出的"编辑部件"窗口，点击层 2"材质"后的"…"。

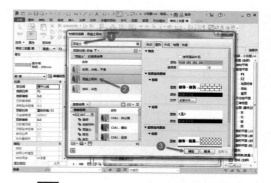

58 ①在弹出的"材质浏览器"中，搜索"混凝土"，②在"项目材质库"选择"混凝土砌块"，③点击"确定"。

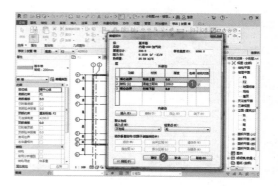

59 ①检查"功能""材质"和"厚度",②点击"确定"。

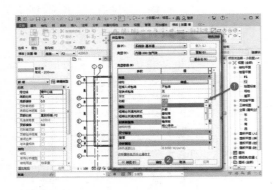

60 ①点击"功能"右侧下拉箭头,选择"内部",②点击"确定"。

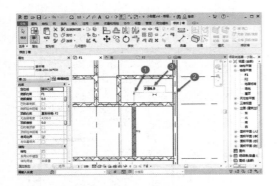

61 ①单击选择轴线 E 和轴线 F 之间绘制的内墙,拖动左侧小圆至墙体中心线,②拖动右侧小圆至轴线 7,③点击尺寸数字,调整为"2100"。

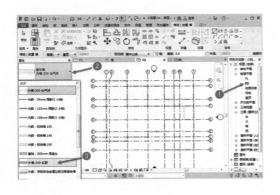

62 创建二层外墙。①双击"F2"进入 F2 楼层平面,②点击"属性"面板下拉箭头,③选择"外墙—240—红砖"。

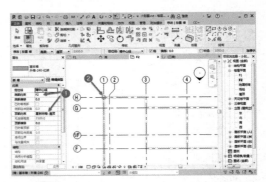

63 ①检查"底部约束"为"F2","顶部约束"为"直到标高:屋顶",②移动鼠标指针至 H 轴线和 1 号轴线交点的位置,Revit 会自动捕捉端点,单击此端点作为墙的起点。

64 ①顺时针绘制到轴线 C 和轴线 D 之间的外墙时,移动鼠标至显示尺寸"2200",单击确定。

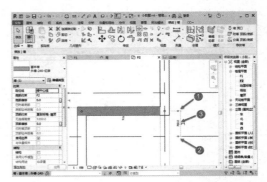

65 ①单击选择轴线 C 和轴线 D 之间的外墙，拖动上侧小圆至墙体中心线，②拖动下侧小圆至轴线 C，③点击尺寸数字，调整为"700"。

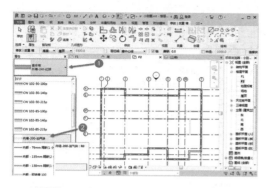

66 创建二层内墙。①点击"属性"面板下拉箭头，②选择"内墙—200—加气块"。

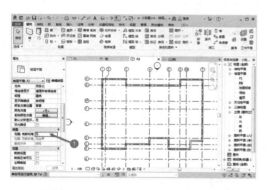

67 ①修改"底图"中"范围：底部标高"为"无"，此时 F1 楼层的墙体不再显示。

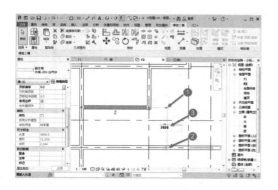

68 ①单击选择轴线 1/F 和轴线 G 之间的外墙，拖动上侧小圆至墙体中心线，②拖动下侧小圆至轴线 F，③点击尺寸数字，调整为"2020"。

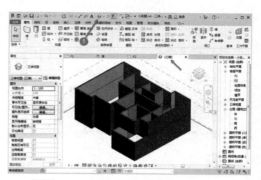

69 ①墙体绘制完成后，点击"默认三维视图"或视图窗口"{三维}"查看三维视图。

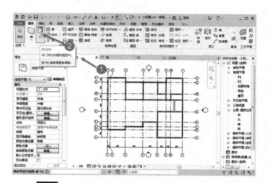

70 创建门。①切换至"F1"楼层平面视图。②在"建筑"选项卡的"构件"面板中单击"门"，进入"修改 | 放置 门"选项卡。

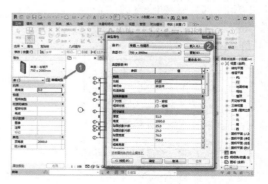

71 ①点击"编辑类型",②在弹出的窗口上,点击"载入…"。

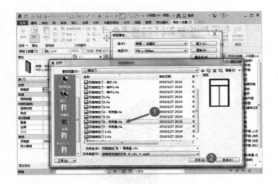

72 ①在弹出的"打开"窗口上,依次点击"建筑""门""普通门""推拉门"。根据小别墅南立面图,选择"双扇推拉门6—带亮窗",②点击"打开"。

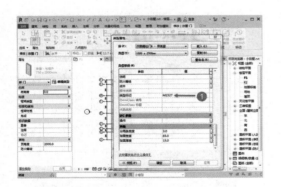

73 ①修改"类型标记"为"M1527"。

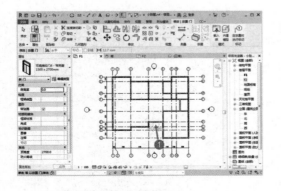

74 ①鼠标移动至4号和5号轴线之间的墙体,当临时尺寸在墙体外侧时,单击放置门。

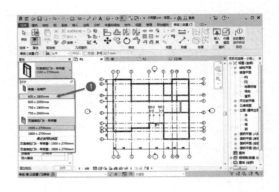

75 ①在"修改│放置门"选项卡下,选择一个单扇门。

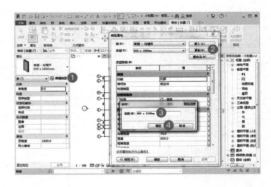

76 ①点击"编辑类型",②点击"复制…",③修改名称为"900×2100mm",④点击"确定"。

77 ①修改"宽度"为"900","高度"为"2100"。

78 ①修改"类型标记"为"M0921",点击"确定"。

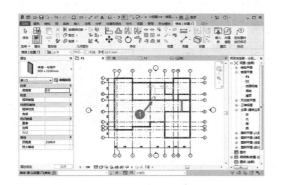

79 ①根据图纸,在相应的位置布置。可以通过鼠标的上下移动调整内外开启方向,按"空格键"调整左右开启方向。

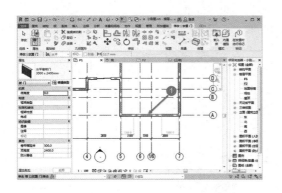

80 ①同样的方法,创建水平卷帘门 M3024,在 5 号和 7 号轴线之间布置。

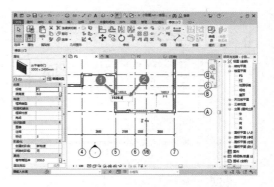

81 ①拖动小圆至 5 号轴线,②点击尺寸数字,修改为"1520"。

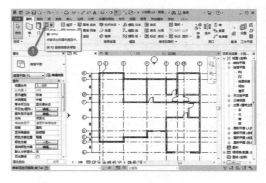

82 创建窗。①在"建筑"选项卡的"构件"面板中单击"窗",进入"修改 | 放置窗"选项卡。

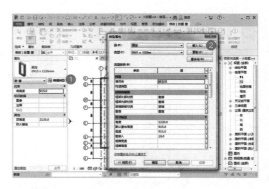

83 ①点击"编辑类型",②在弹出

的窗口上，点击"载入…"。

84 ①在弹出的"打开"窗口上，依次点击"建筑""窗""普通窗""凸窗"，选择"凸窗—双层两列"，②点击"打开"。

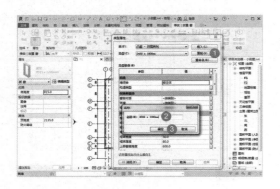

85 ①点击"复制…"，②修改名称为"900×2100mm"，③点击"确定"。

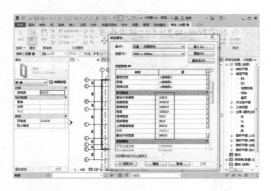

86 按要求修改相应尺寸，向下拖

动滚动条，修改"类型标记"为"C4533"。

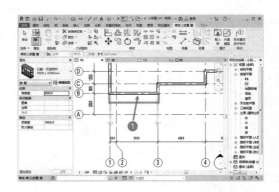

87 ①布置凸窗。

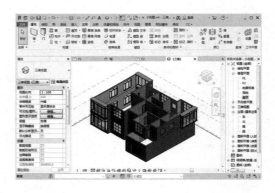

88 采用同样的方法，布置 1 层和 2 层其余的门和窗。门窗布置完成后如图所示。

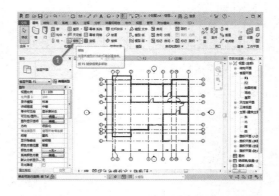

89 创建一层楼板。①在"建筑"

选项卡的"构件"面板中单击"楼板"，进入"修改｜创建 楼层边界"选项卡。

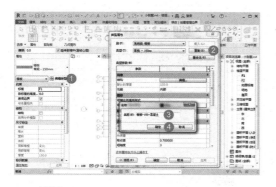

90 ①点击"编辑类型"，②点击"复制…"，③修改名称为"楼板-150-混凝土"，④点击"确定"。

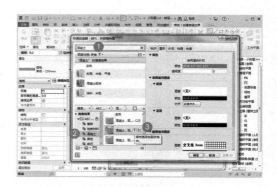

93 ①在弹出的"材质浏览器"中搜索"混凝土"，②点击"混凝土"展开，③选择"混凝土—现场浇筑—C30"。④点击"混凝土—现场浇筑—C30"右侧的向上箭头，将此材质加入项目材质中。

91 ①点击"编辑…"。

94 ①在项目材质中选择"混凝土—现场浇筑—C30"，②单击"确定"。

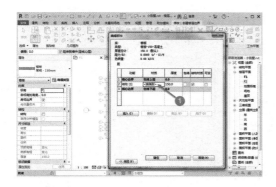

92 ①在弹出的"编辑部件"窗口中，单击结构层的"材质"。

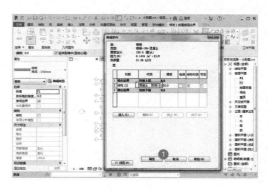

95 ①单击"确定"。

96 ①单击"确定"。

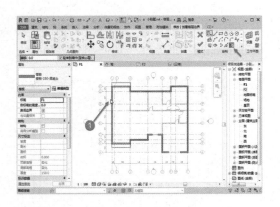

97 ①鼠标移动至左侧墙体靠外侧时，按"Tab"键亮显外侧相连接的墙体，然后单击鼠标选中。

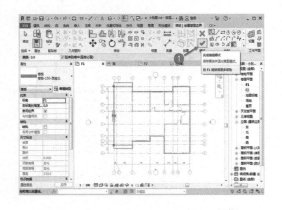

98 ①单击"完成编辑模式" ✔。

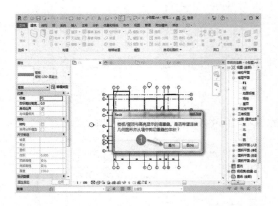

99 ①在弹出的窗口，单击"是"按钮。

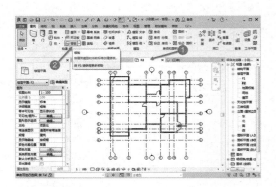

100 创建二层楼板。①单击"F2"进入 F2 楼层平面，②在"建筑"选项卡的"构件"面板中单击"楼板"。

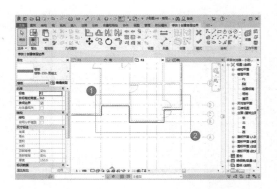

101 ①鼠标单击左上角点，②拖动鼠标至右下角点，选中所有包含的图元。

按"Delete"键删除选中的图元。

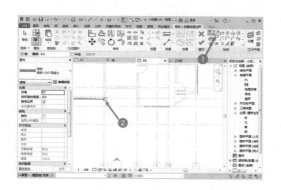

102 ①单击"绘制"面板中的"线"，②鼠标移至图中位置捕捉端点。

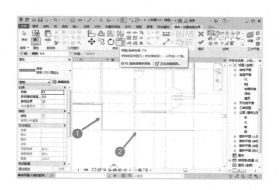

103 ①向下移动鼠标绘制线，②再向右移动鼠标绘制线。

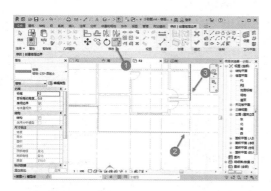

104 ①单击"修改"面板中"修剪/延伸为角"，②单击下侧的线，③再单击右侧的线。

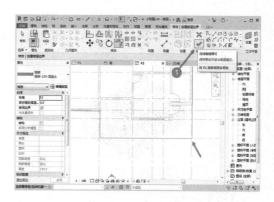

105 ①修剪完成后如图所示，单击"完成编辑模式" ✔ 。

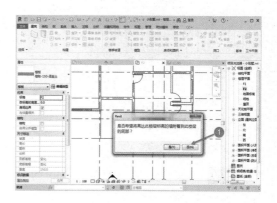

106 ①在弹出的窗口，单击"否"按钮。

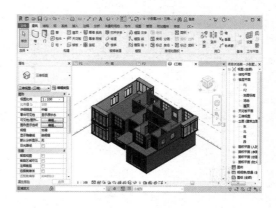

107 楼板创建完成后如图所示。

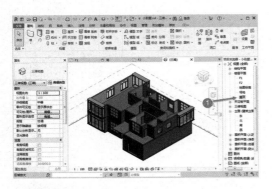

108 创建屋顶。①双击"项目浏览器"中的"屋顶",进入屋顶楼层平面。

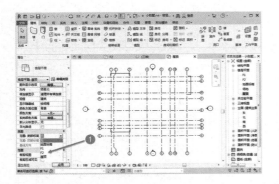

109 ①在"属性"面板,下拉滚动条找到"底图",单击"范围:底部标高"右侧▼按钮,选择"F2"。

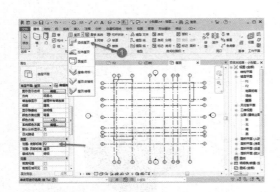

110 ①选择"F2"以后,可以在屋顶平面图中看到 F2 的墙体。单击"建筑"选项卡下"构件"中"屋顶"右侧▼按钮,选择"迹线屋顶"。

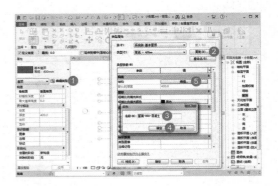

111 ①点击"编辑类型",②在弹出的"类型属性"窗口,单击"复制",③在弹出的"名称"窗口,修改名称为"屋面-200-混凝土",④点击"确定",⑤点击"编辑…"。

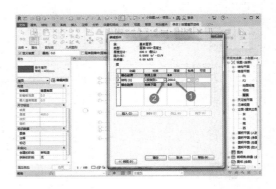

112 ①修改"厚度"为"200",②单击"材质"后面的"…"。

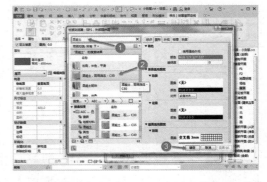

113 ①在弹出的"材质浏览器"

中，搜索"混凝土"，②单击选择"混凝土，现场浇注－C30"，此材质已加入项目材质中，③单击"确定"。

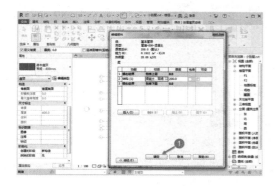

114　①单击"确定"。

115　①单击"确定"。

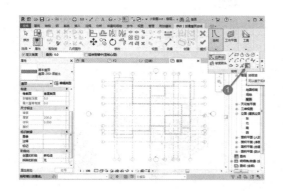

116　①"绘制"方式选择"边界线"中"拾取墙"，该方式为默认方式。

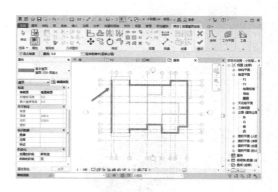

117　①鼠标移动至左侧墙体靠外侧时，按"Tab"键亮显外侧相连接的墙体，然后单击鼠标选中。

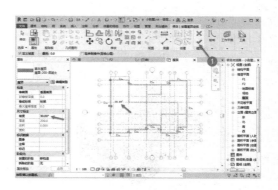

118　①单击"完成编辑模式" ✔。图中三角形代表向该条边的坡度，坡度大小在箭头所示位置。如需修改，可以单击或框选需要修改的边。

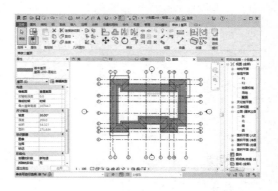

119 屋顶创建完成后的平面图如图所示。

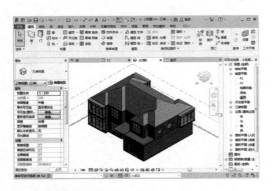

120 屋顶创建完成后的三维图如图所示。

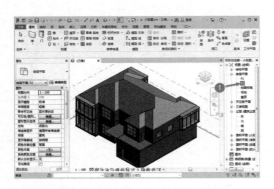

121 创建楼梯。①双击 "F2" 进入 F2 楼层平面。

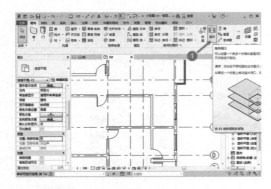

122 ①在 "建筑" 选项卡的 "洞口" 面板中单击 "竖井"。

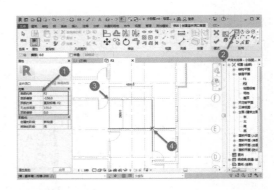

123 ①设置 "底部约束" 为 "F2"，"底部偏移" 为 "－150"，"顶部约束" 为 "直到标高：F2"，"顶部偏移" 为 "0"，②选择矩形绘制方式，③点击 5 号轴线与墙体的交点，④移动鼠标至右下角墙体的交点单击。

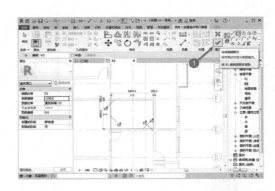

124 ①单击 "完成编辑模式" ✔。

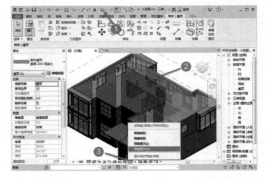

125 ①点击 "默认三维视图" 查看三维视图，②单击选择屋顶，在视图控

制栏单击"临时隐藏/隔离"，选择"隐藏图元（H）"。

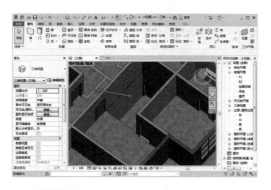

126 ①隐藏图元后，可以看到二层楼板的开洞情况。

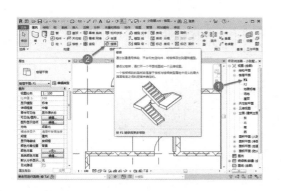

127 ①双击"F1"进入 F1 楼层平面，②在"建筑"选项卡的"楼梯坡道"面板中单击"楼梯"。

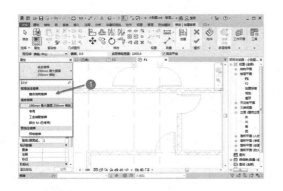

128 ①在"属性面板"选择"整体浇筑楼梯"。

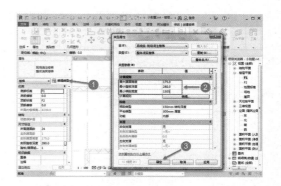

129 ①点击"编辑类型"，②在弹出的"类型属性"窗口，设置"最大踢面高度"为"175"，"最小踏板深度"为"280"，"最小梯段宽度"为"1305"，③点击"确定"。

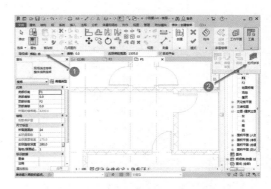

130 ①选项栏定位线设置为"梯段：右"，②单击"工具"下"栏杆扶手"。

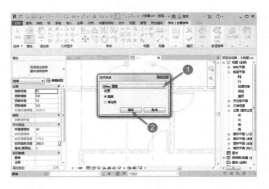

131 ①在弹出的"栏杆扶手"窗口，选择"900mm 圆管"，"位置"设置

为"踏板"，②点击"确定"。

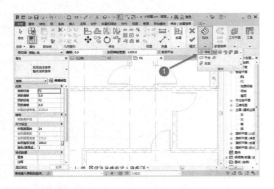

132 ①在"构件"下"梯段"中，选择"直梯"。

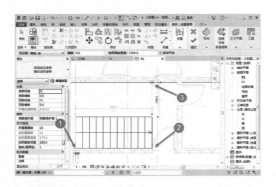

133 ①在轴线 5 和轴线 E 的交点处单击确定起点，②向右移动鼠标至显示"创建了 12 个梯面，剩余 12 个"单击鼠标，③向上移动鼠标至显示对齐的虚线时，单击确定起点。

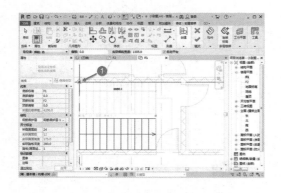

134 ①接上步，向左移动鼠标至轴线 5 和轴线 F 的交点处，单击确定终点。

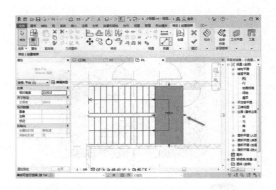

135 选择楼梯平台，拖动右侧的控制柄至墙体的边缘。

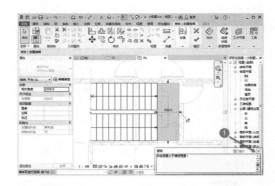

136 ①此时弹出警告窗口"平台深度小于梯段宽度"，点击右上方关闭按钮。

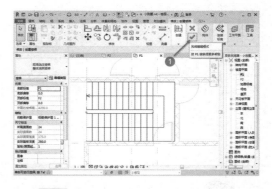

137 ①单击"模式"面板中"完成

编辑模式"✔按钮。

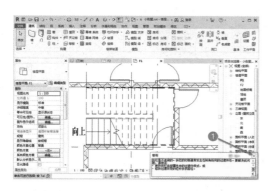

138 ①此时弹出警告窗口"栏杆是不连续的。……",点击右上方关闭按钮。

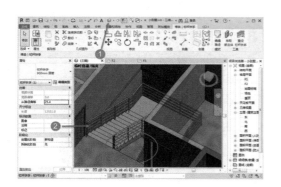

139 ①点击"默认三维视图"查看三维视图,②单击选择靠墙一侧的栏杆扶手,按"Delete"键删除。

从图中可以发现,圈起来的部分缺少栏杆扶手。

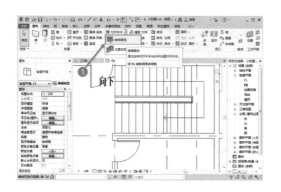

140 绘制二层楼梯处栏杆扶手。①单击"建筑"选项卡下"楼梯坡道"中"栏杆扶手"右侧▼按钮,选择"绘制路径"。

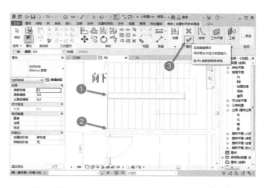

141 "属性面板"选择"900mm 圆管",①单击图中的扶手位置,②向下移动鼠标至墙体边缘,③单击"模式"面板中"完成编辑模式"✔按钮。

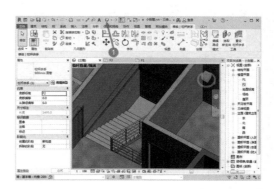

142 ①点击"默认三维视图"查看创建的栏杆。

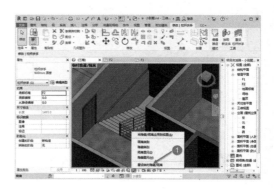

143 ①单击选择屋顶，在视图控制栏单击"临时隐藏/隔离"，选择"重设临时隐藏/隔离"。

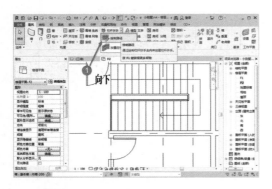

144 绘制二层露台栏杆扶手。①单击"建筑"选项卡下"楼梯坡道"中"栏杆扶手"右侧▼按钮，选择"绘制路径"。

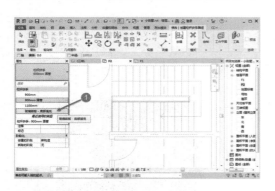

145 ①"属性面板"选择"玻璃嵌板—底部填充"。

146 ①勾选"链"，②设置偏移值为

"100"，③选择"绘制"下的"直线"工具。

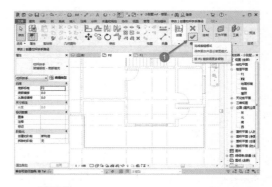

147 ①沿着露台的边缘绘制出如图所示的路径，如绘制时路径在边缘外侧，按"空格键"翻转，单击"模式"面板中"完成编辑模式" ✔ 按钮。

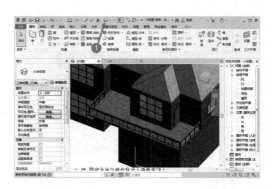

148 ①点击"默认三维视图"查看露台栏杆。

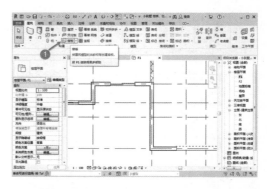

149 创建一楼入口处台阶。①双击"F1"进入 F1 楼层平面，在"建筑"选

项卡的"构件"面板中单击"楼板",进入"修改｜创建 楼层边界"选项卡。

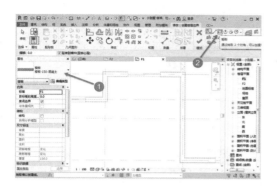

150 ①在属性栏选择"楼板—150—混凝土",②在"绘制"面板中单击"矩形"绘制工具。

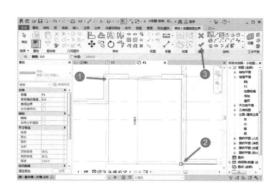

151 ①在左上角墙体边缘交点单击鼠标,②移动鼠标至右下角墙体边缘交点再次单击鼠标,③单击"模式"面板中"完成编辑模式" ✔ 按钮。

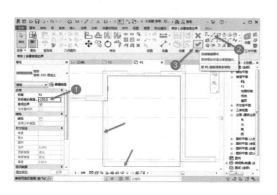

152 ①设置"自标高的高度偏移"值为"－150",绘制下层台阶,②在"绘制"面板中单击"直线"绘制工具,绘制如图所示的轮廓。注意左下角两条直线向外侧偏移一定的距离。③单击"模式"面板中"完成编辑模式" ✔ 按钮。

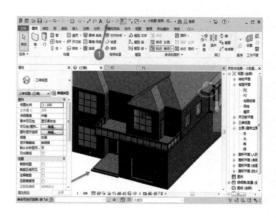

153 ①点击"默认三维视图"查看台阶。

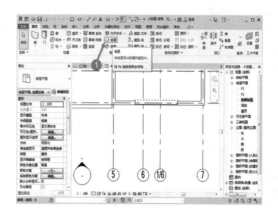

154 创建坡道。①双击"地面标高"进入地面标高楼层平面,在"建筑"选项卡的"楼梯坡道"面板中单击"坡道",进入"修改｜创建 坡道草图"选项卡。

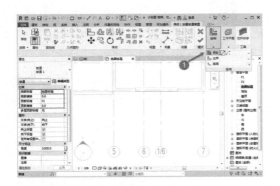

155 ①"绘制"方式选择"梯段"中的"线"。

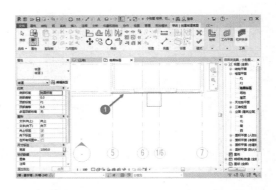

158 ①鼠标移动至墙体边缘单击确定起点。

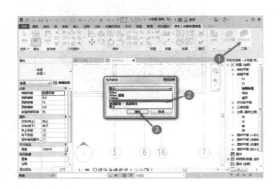

156 ①单击"工具"下"栏杆扶手",②在弹出的对话框中选择"无",③单击"确定"。

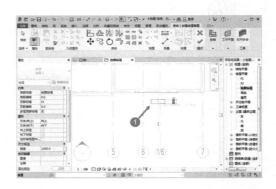

159 ①鼠标向下移动,再次单击确定终点。

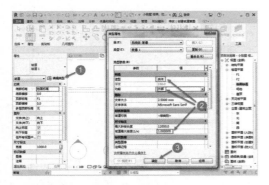

157 ①点击"编辑类型",②在弹出的"类型属性"窗口,设置"造型"为"实体","功能"为"外部","坡道最大坡度（1/x）"为"1",③点击"确定"。

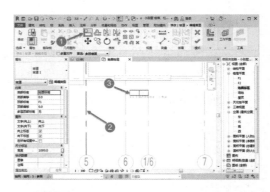

160 ①点击"修改"面板中"对齐"命令,②鼠标先点击对齐的位置 5号轴线,③再点击需要对齐的对象左边的模型线,相同的方法对齐上边和右边的模型线。

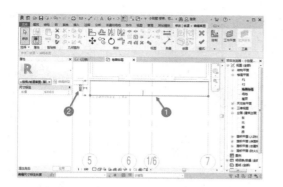

161 ①单击选择下边的模型线，②点击尺寸数字修改为"2100"。

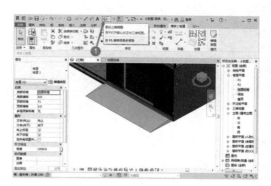

164 ①点击"默认三维视图"查看坡道。

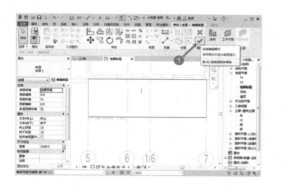

162 ①单击"模式"面板中"完成编辑模式" ✔ 按钮。

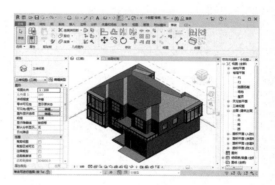

165 完成后的小别墅模型如图所示。

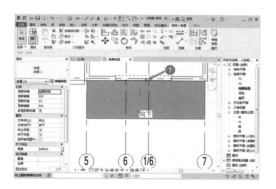

163 ①单击上面的翻转箭头改变方向。

参 考 文 献

[1] 何关培.BIM 总论［M］.北京：中国建筑工业出版社，2011.

[2] 曾浩，王小梅，唐彩虹.BIM 建模与应用教程［M］.北京：北京大学出版社，2018.

[3] 胡仁喜，刘炳辉.Revit 2020 中文版从入门到精通［M］.北京：人民邮电出版社，2020.

[4] 陈凌杰，林标锋，卓海旋.BIM 应用：Revit 建筑案例教程［M］.北京：北京大学出版社，2020.

[5] 张泳.Bim 技术原理及应用［M］.北京：北京大学出版社，2020.

[6] 成丽媛.建筑工程 BIM 技术应用教程［M］.北京：北京大学出版社，2020.

[7] 罗晓峰，甘静艳.桥梁 BIM 建模与应用［M］.北京：机械工业出版社，2020.

[8] 广东省城市建筑学会.Revit 族参数化设计宝典［M］.北京：机械工业出版社，2020.

[9] 庞玲，尹文君，伍艺."1＋X"建筑信息模型（BIM）建模实务［M］.北京：中国建筑工业出版社，2022.

[10] 龚静敏.桥梁 BIM 建模基础教程［M］.北京：化学工业出版社，2022.

[11] 孙仲健.BIM 技术应用：Revit 建模基础［M］.北京：清华大学出版社，2022.